Lambacher Schweizer 7

Mathematik für Gymnasien

Bayern

Arbeitsheft

herausgegeben von Matthias Janssen

erarbeitet von
Petra Hillebrand, Matthias Janssen, Klaus-Peter Jungmann, Karen Kaps, Tanja Sawatzki, Uwe Schumacher, Colette Simon

Ernst Klett Verlag
Stuttgart · Leipzig

Hinweise für Schülerinnen und Schüler ____ 2

Training Basiswissen

Rechnen mit Brüchen. Rationale Zahlen ____ 3
Rechnen mit Dezimalbrüchen. Rationale Zahlen ____ 4
Figuren und Flächen ____ 5
Körper und Raum ____ 6
Prozentrechnung ____ 7
Diagramme. Daten auswerten ____ 8

I Symmetrie

Achsensymmetrische Figuren ____ 9
Konstruieren von Spiegelpunkt und Symmetrieachse ____ 10
Mittelsenkrechte, Winkelhalbierende und Lot ____ 11
Punktsymmetrie ____ 12
Symmetrische Vierecke ____ 13
Dein Merkzettel ____ 14

II Winkelbetrachtungen

Winkel an Geradenkreuzungen ____ 15
Winkelsumme im Dreieck ____ 16
Winkelsumme im Vieleck ____ 17
Dein Merkzettel ____ 18

III Terme

Terme mit Variablen ____ 19
Berechnen von Termwerten ____ 20
Aufstellen und Interpretieren von Termen ____ 21
Zuordnung: Variablenwert – Termwert ____ 23
Dein Merkzettel ____ 24

Training 1

Üben und Wiederholen ____ 25

IV Termumformungen

Gleichwertige Terme ____ 26
Umformungen in Produkten ____ 27
Umformungen in Summen ____ 28
Anwendungen des Distributivgesetzes ____ 29
Multiplizieren von Summen ____ 31
Dein Merkzettel ____ 32

V Gleichungen

Gleichungen und Lösungen ____ 33
Äquivalente Gleichungsumformungen ____ 35
Systematisches Lösen linearer Gleichungen ____ 36
Lineare Gleichungen in Anwendungssituationen ____ 38
Dein Merkzettel ____ 39

Training 2

Üben und Wiederholen ____ 40

VI Daten, Diagramme und Prozentrechnung

Analysieren von Daten – Diagramme ____ 42
Mittelwert ____ 43
Die Grundgleichung der Prozentrechnung ____ 44
Analysieren von Daten ____ 46
Dein Merkzettel ____ 47

VII Kongruenz und Dreiecke

Kongruente Figuren ____ 48
Kongruenzsätze für Dreiecke ____ 49
Das gleichschenklige Dreieck ____ 51
Satz und Kehrsatz ____ 52
Das rechtwinklige Dreieck – der Satz des Thales ____ 53
Dreieckskonstruktionen ____ 54
Dein Merkzettel ____ 55

VIII Besondere Linien im Dreieck und Konstruktionen

Mittelsenkrechte und Winkelhalbierende ____ 56
Umkreis und Inkreis ____ 57
Höhen und Seitenhalbierende* ____ 58
Konstruktion von Vierecken ____ 59
Dein Merkzettel ____ 60

Training 3

Üben und Wiederholen ____ 61

Register ____ 64

* Inhalte, die mit einem Stern gekennzeichnet sind, bieten eine Ergänzung zu den Inhalten des Lehrplans.

Liebe Schülerinnen und Schüler,

auf dieser Seite stellen wir euch euer Arbeitsheft für die 7. Klasse vor.

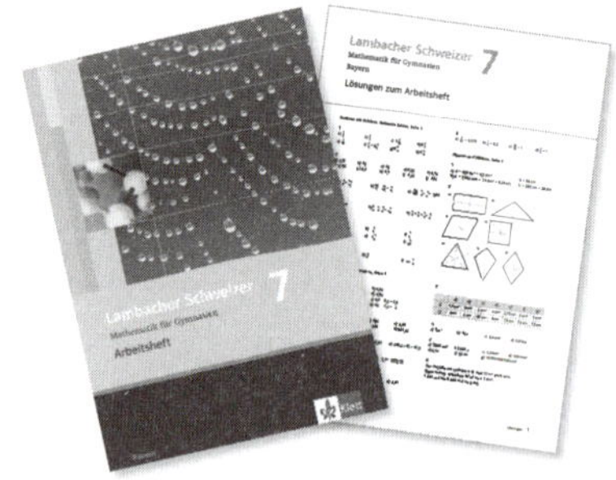

Die Kapitel und das Lösungsheft
In den einzelnen Kapiteln des Arbeitshefts werden alle Themen aus deinem Mathematikunterricht behandelt. Wir haben versucht, viele interessante und abwechslungsreiche Aufgaben zusammenzustellen, die euch beim Lernen weiterhelfen werden.
Alle Lösungen zu den Aufgaben stehen im Lösungsheft, das in der Mitte eingelegt ist und leicht herausgenommen werden kann.

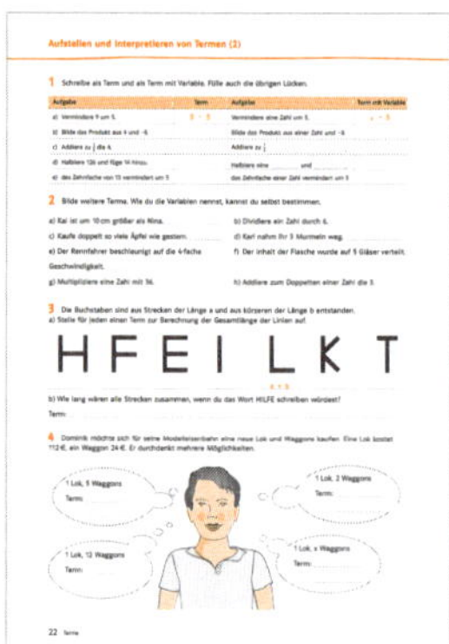

Übungsblätter
Zu allen wichtigen Bereichen der 7. Klasse findet ihr hier viele verschiedene Übungen. Damit ihr seht, wie eine Aufgabe gemeint ist, haben wir an einigen Stellen schon einen Aufgabenteil gelöst (orange Schreibschrift). Eure Antworten schreibt ihr auf die vorgegebenen Linien __________ oder in die farbigen Kästchen ▭. Manchmal braucht ihr einen Zettel für Nebenrechnungen.

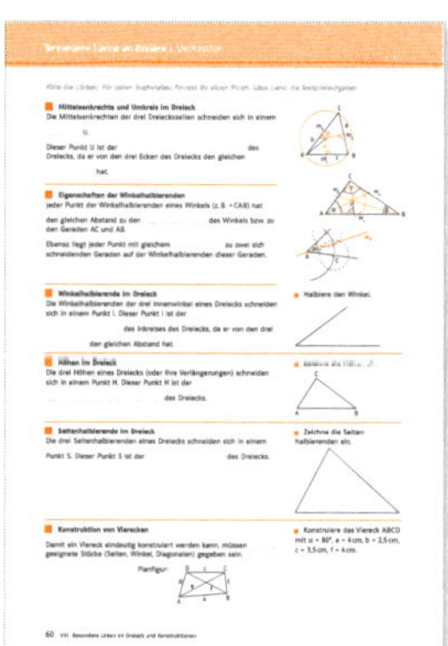

Merkzettel befinden sich am Ende von jedem Kapitel. Dort stehen alle wichtigen Regeln und Begriffe, die das Kapitel enthält. Um euch zu helfen, diese Begriffe leichter und auch dauerhaft zu merken, sollt ihr auch diese Blätter selbst bearbeiten und lösen.

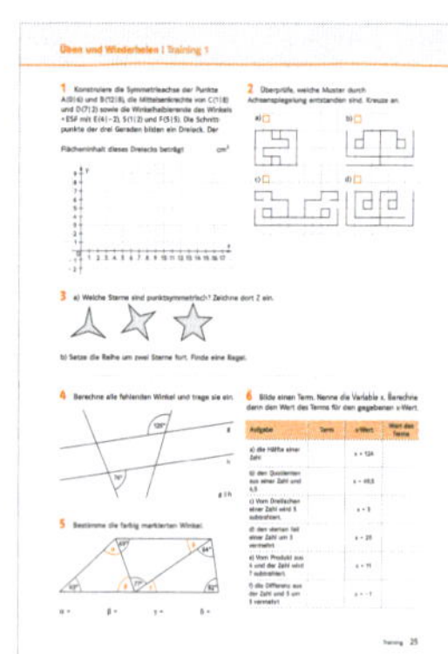

Training: Üben und Wiederholen. Die drei Trainingseinheiten im Heft wiederholen den neuen und auch den schon etwas älteren Stoff. Hier findet ihr Aufgaben zu allen davor liegenden Kapiteln. **Tipp:** Schlagt in den Merkzetteln der vorigen Kapitel nach, wenn ihr auf ein Problem stoßt.

Der Wissensspeicher und das Register
Wisst ihr nicht, was ein Begriff bedeutet? Oder sucht ihr Übungen zu einem bestimmten Thema? Hier hilft das Register auf der letzten Seite. Alle mathematischen Begriffe der 7. Klasse könnt ihr dort nachschlagen. Von dort werdet ihr auf die Seite verwiesen, auf der ihr eine Erklärung des Begriffs findet.
Probiert es am besten gleich aus: Auf welcher Seite wird „Winkelsumme im Dreieck" erklärt? __________

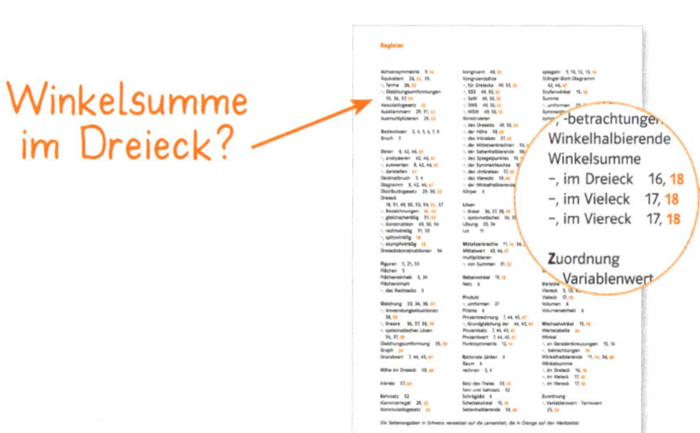

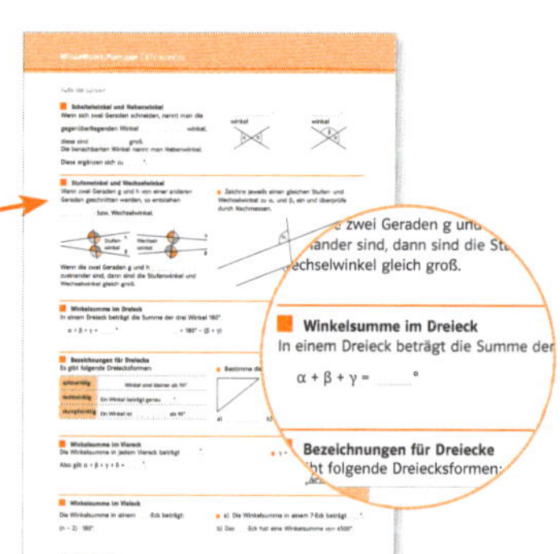

Nun kann es losgehen. Wir wünschen euch viel Spaß und Erfolg beim Lösen der Aufgaben.

Euer Autorenteam

1 Berechne im Kopf.

a) $\frac{1}{3}+\frac{1}{6}=$ ______ b) $\frac{7}{8}-\frac{1}{4}=$ ______ c) $1\frac{1}{2}+2\frac{2}{5}=$ ______ d) $4-\frac{3}{7}=$ ______

e) $\frac{1}{3}\cdot\frac{1}{6}=$ ______ f) $\frac{7}{8}:\frac{1}{4}=$ ______ g) $1\frac{1}{2}\cdot2\frac{2}{5}=$ ______ h) $4:\frac{3}{7}=$ ______

2 Wandle die Brüche in Dezimalbrüche um. Erweitere und kürze, wenn dies nötig ist.

a) $\frac{3}{4}=$ ______ b) $\frac{3}{5}=$ ______ c) $\frac{3}{6}=$ ______ d) $\frac{5}{20}=$ ______ e) $\frac{4}{25}=$ ______

f) $\frac{3}{24}=$ ______ g) $\frac{12}{15}=$ ______ h) $\frac{56}{80}=$ ______ i) $\frac{77}{140}=$ ______ j) $\frac{12}{75}=$ ______

3 Schreibe einen Rechenausdruck auf und berechne ihn.

a) Zwei Drittel der Kinder einer Klasse haben blaue Augen, ein Viertel der Kinder hat braune Augen. Welcher Bruchteil der Kinder der Klasse hat blaue oder braune Augen?	
b) Alle anderen haben grüne Augen. Wie groß ist ihr Anteil?	
c) 80 % der Kinder mit braunen Augen haben schwarze oder braune Haare. Wie groß ist der Anteil dieser Kinder in der ganzen Klasse?	

4 Berechne schrittweise.

a) $\frac{2}{7}\cdot\frac{14}{3}-\frac{4}{15}:\frac{4}{5}=$ ______

b) $\frac{3}{5}\cdot\left(\frac{6}{11}-\frac{13}{44}\right)\cdot\frac{2}{3}=$ ______

c) $\frac{1}{4}+\frac{3}{8}\cdot\frac{4}{6}+\frac{5}{9}\cdot\frac{21}{20}\cdot\frac{2}{7}=$ ______

5 Hier kann das Ergebnis negativ sein. Rechne im Kopf.

a) $\frac{1}{2}-\frac{2}{3}=$ ______ b) $-\frac{7}{10}+\frac{1}{5}=$ ______ c) $\left(-\frac{6}{11}\right)\cdot\left(-\frac{22}{24}\right)=$ ______

d) $\frac{1}{2}:\left(-\frac{2}{3}\right)=$ ______ e) $-\frac{7}{9}-\frac{2}{6}=$ ______ f) $\frac{11}{8}-\frac{4}{3}=$ ______

6 Schätze den Anteil

a) der schwarzen Reiskörner.

b) der schwarzen Fläche.

c) des dunklen Fells.

1 Fülle die Lücken aus. Rechne im Kopf.

a) 1,3 + 12,4 = ______ b) 7,44 − 3,4= ______ c) 2,68 − 3,97 = ______ d) −0,66 + 1,05 = ______

e) 3 + ______ = 1,25 f) ______ − 3,6 = 6,3 g) ______ − 44,6 = −100 h) 0,5 − ______ = −5

2 Rechne weiterhin im Kopf.

a) 0,5 · 2,5 = ______ b) 0,125 · 80 = ______ c) 1,2 · 0,3 = ______ d) 0,2 · 0,4 = ______

e) 16,8 : 4 = ______ f) 27,9 : 0,3 = ______ g) 125,75 : 0,25 = ______ h) 1824,3 : 6 = ______

3 Rechne schriftlich (denke an die Kommaverschiebung zu Anfang).

a)
5,61 : 1,7 =
56,1 : 17 =

b)
2,613 : 1,3 =

c)
5,436 : 0,12 =

„Komma-verschiebung"

4 Schöne Ergebnisse.

a) 37,037 · 3 b) 105,82 · 2,1 c) 52,91 · 6,3

Tipp:
Ein Überschlag hilft dir zu kontrollieren, ob dein Ergebnis richtig sein kann.

5 Rechne vorteilhaft.

a) 0,12 + 0,3 + 0,82 + 0,7 = ______ b) 2,65 − 1,73 − 0,15 + 0,23 = ______

c) 3 · 0,48 + 3 · 0,12 = ______ d) 0,24 · 0,4 − 0,14 · 0,4 = ______

e) 0,3 · (−0,125) · 0,8 · (−30) = ______ f) 5,79 − 1,11 − 1,08 − 0,6 = ______

6 Berechne und gib das Ergebnis sowohl als Bruch als auch als Dezimalbruch an.

a) $\left(\frac{1}{4} + 0{,}5\right) \cdot \left(0{,}3 - \frac{1}{5}\right) =$ ______

b) $\frac{1}{8} \cdot 0{,}25 \cdot 1{,}6 \cdot 4 =$ ______

c) $\frac{2}{3} + \frac{1}{6} + \frac{1}{9} + \frac{1}{18} =$ ______

d) $\frac{1}{5} + 0{,}12 \cdot \frac{5}{3} + 0{,}6 =$ ______

1 Berechne den Flächeninhalt A und den Umfang U eines Rechtecks mit den Seitenlängen a und b.

a) a = 4 dm; b = 3 cm; A = ______________________; U = ______________________

b) a = 1,2 m; b= 20 cm; A = ______________________; U = ______________________

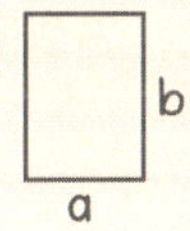

$A = a \cdot b$
$U = 2 \cdot (a + b)$

2 Welche der Figuren besitzen Symmetrieachsen, welche besitzen ein Symmetriezentrum? Zeichne jeweils alle möglichen Symmetrieachsen und Symmetriezentren farbig ein.

a)
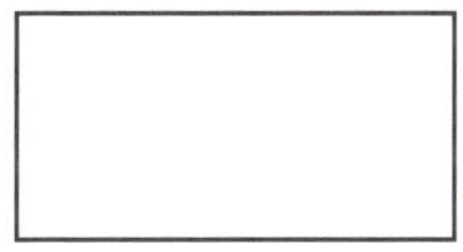

b)
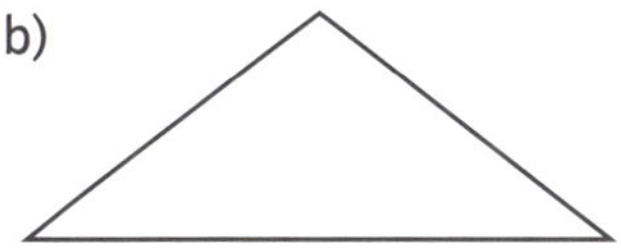

c)
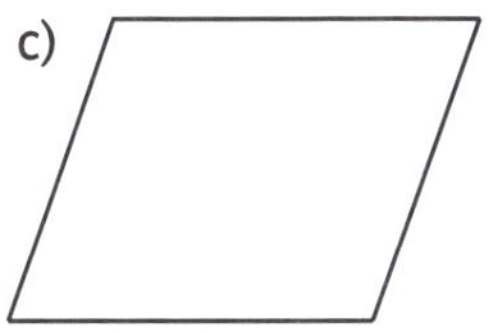

d)

e)
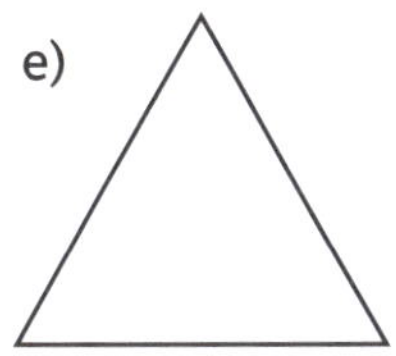

f)
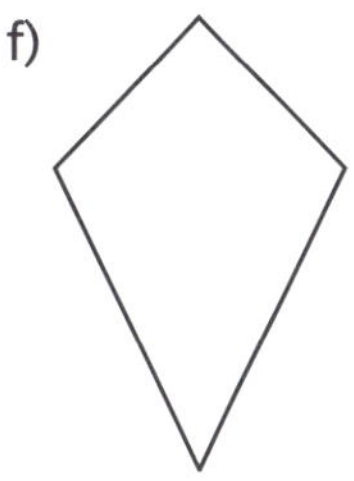

g)
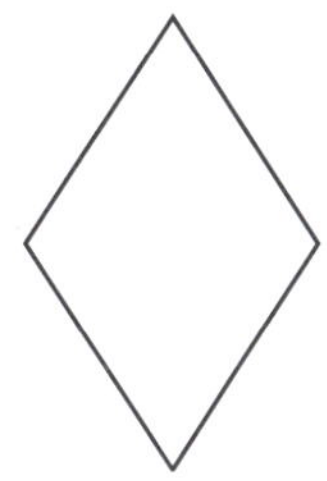

3 Bestimme für die Figuren aus Aufgabe 2 den Flächeninhalt (A) und den Umfang (U). Miss alle dazu benötigten Längen millimetergenau. Trage die Ergebnisse in die Tabelle ein.

	a)	b)	c)	d)	e)	f)	g)
A							
U							

Kontrollergebnisse: 7,5 cm; 8 cm; 9 cm; 9 cm; 9,2 cm; 2,75 cm²; 3 cm²; 7,2 cm; 7,4 cm; 4,5 cm²; 5 cm²; 3 cm²; 3 cm²; 4 cm²

4 Wandle in die nächstgrößere Flächeneinheit um.

a) 200 dm² = ________ b) 1500 m² = ________ c) 40 mm² = ________ d) 1 a = ________

5 Wandle in die angegebene Flächeneinheit um.

a) 23 dm² = ________ cm² b) 5 ha = ________ a c) 3 000 a = ________ km² d) 1 cm² = ________ mm²

e) 10 m² = ________ a f) 2 500 dm² = ________ m² g) 1 km² = ______________________ cm²

6 Lies zuerst den Text unten. Schätze, wie groß der Fußabdruck auf dem Bild ungefähr ist. Benutze dabei die quadratischen Bodenfliesen als Hilfe.

„Mit der Platzierung des *Ökologischen Fußabdrucks von Berlin* im Foyer des Abgeordnetenhauses machten die Agenda-Akteure Parlamentarier darauf aufmerksam, dass die Stadt – jeder von uns – ‚auf zu großem Fuß' und damit auch auf Kosten anderer lebt: wir heute auf Kosten der nächsten Generation, die reichen Länder auf Kosten der armen. Insgesamt beansprucht die Weltbevölkerung 2,5-mal mehr, als die Erde dauerhaft zu bieten hat."
(berlinagenda.de)

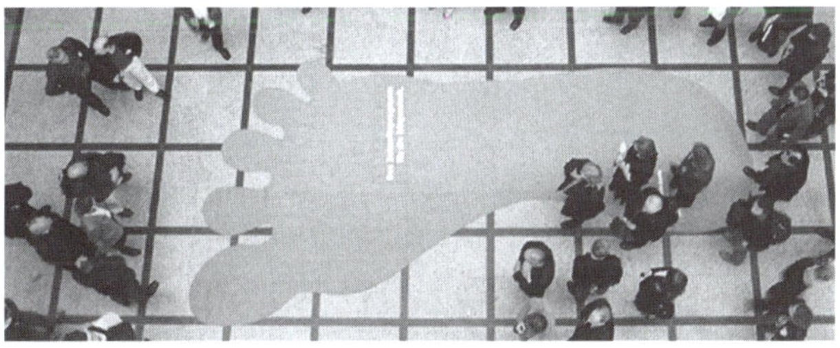

Meine Schätzung ist: ________ m² = ____________ dm².

Mein eigener Fuß ist schätzungsweise ________ dm² groß, also ist der Fußabdruck auf dem Bild ungefähr ________-mal so groß wie mein eigener Fußabdruck.

1 Schreibe in den angegebenen Volumeneinheiten.

a) $3\,m^3\ 265\,dm^3$ = 3 265 dm^3 = 3,265 m^3

b) $43\,dm^3\ 81\,cm^3$ = ______ cm^3 = ______ dm^3

c) 66 l 3 ml = ______ ml = ______ l

d) 5 hl 30 l = ______ l = ______ hl

2 a) Der Mensch atmet in einer Ruhephase ungefähr 0,5 Liter Luft ein und aus, das sind ______ cm^3.

b) Eine Druckerpatrone für einen Tintenstrahldrucker enthält 42 ml Tinte, das sind ______ cm^3.

c) Ein Tagesrucksack hat ein Volumen von 30 Litern, das sind ______ m^3.

d) Der Porsche 911 Carrera 997 hat einen Hubraum von $3824\,cm^3$ = ______ Liter.

3 Vervollständige die Schrägbilder der Holzziffern und bestimme deren Volumen und Masse, wenn ein $1\,cm^3$ Holz eine Masse von 0,45 g hat.

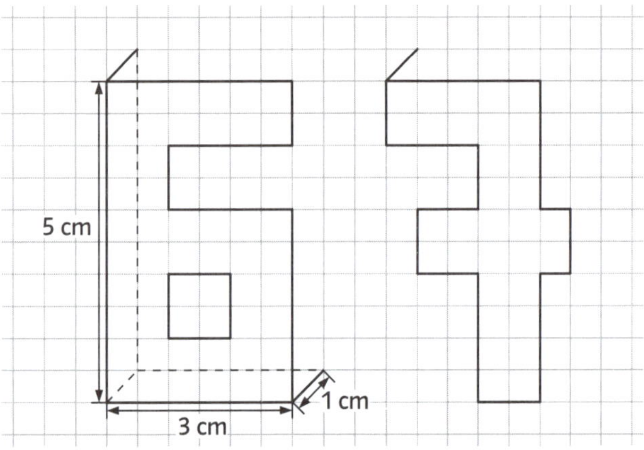

a) Volumen der „6" in cm^3: ______

______

b) Masse der „6" in g: ______

c) Volumen der „7" in cm^3: ______

______

d) Masse der „7" in g: ______

4 Vervollständige das Netz des Prismas und berechne seinen Oberflächeninhalt: ______ cm^2.
Zeichne in das Netz auch den Buchstaben P (wie Prisma) an die richtige Stelle.

5 a) Heißluftballons gibt es in verschiedenen Größen. Ein Einmannballon hat zum Beispiel ein Volumen von etwa $500\,m^3$. Ein Erwachsener kann unter Anstrengung in einer Minute ungefähr 100 Liter Luft ausatmen. Wie lange bräuchte ein Erwachsener theoretisch, um einen Einmannballon aufzublasen?

In einer Minute: 100 Liter   In einer Stunde: ______ Liter

An einem Tag: ______ Liter = ______ m^3

Er bräuchte ungefähr ______ Tage für den Einmannballon.

b) Schätze das Volumen des abgebildeten Ballons. ______ m^3

1 Vervollständige die Tabelle.

	a)	b)	c)	d)	e)	f)	g)	h)
Gekürzter Bruch	$\frac{1}{4}$					$2\frac{1}{2}$	$\frac{1}{50}$	
Dezimalbruch		0,4			1,2			0,001
Prozentschreibweise			15 %	45 %				

2 Die folgenden Prozentangaben solltest du auswendig können:

> % (Prozent) = pro centum = von hundert

a) $\frac{1}{2}$ = ______ % b) $\frac{1}{3}$ = ______ % c) $\frac{1}{5}$ = ______ % d) $\frac{1}{8}$ = ______ %

e) $\frac{3}{4}$ = ______ % f) $\frac{1}{10}$ = ______ % g) $\frac{1}{100}$ = ______ % h) $\frac{3}{1}$ = ______ %

3 Berechne den Prozentwert für die folgenden Beispiele.

> Prozentwert = Grundwert · Prozentsatz

a) 5 % von 120 g: ______ b) 10 % von 25 cm: ______ c) 20 % von 14 €: ______ d) 60 % von 2 kg: ______

e) 1 % von 100 ct: ______ f) 13 % von 600 m: ______ g) 75 % von 96 km: ______ h) 0,1 % von 5 m²: ______

4 Berechne den Prozentsatz.

a) 12 von 30 Schülern sind Mädchen: ______ %

b) 31 von 50 Haushalten in Deutschland hatten 2005 einen Internet-Anschluss: ______ %

c) 7 von 25 Mädchen eines Jahrgangs machen Abitur (Stand 2006): ______ %. Bei den Jungen sind es nur 7 von 35: ______ %

d) Die Formel zur Berechnung des Prozentsatzes ist:

Prozentsatz = ______________________

5 Berechne den Grundwert.

a) 20 % der Schüler fehlen wegen Erkrankungen, das sind 6 Schüler. In der Klasse sind insgesamt ______ Schüler.

b) Der Pullover wurde um 10 % reduziert, er ist jetzt 3,90 € billiger. Der Pullover hat also vorher ______ € gekostet.

c) Die Formel zur Berechnung des Grundwertes ist:

Grundwert = ______________________

6 Paul eröffnet am 1. Januar ein Sparbuch und zahlt 100 € ein, die ihm sein Onkel zu Weihnachten geschenkt hat. Für die nächsten vier Jahre garantiert die Bank einen Zinssatz von 3 %. Berechne, wie sich sein Guthaben entwickelt, wenn die Zinsen am Ende des Jahres gut geschrieben werden.

Jahr	0	1	2	3	4
Guthaben	100 €				

7 Eine Kinovorstellung in der Schauburg kostet am Dienstag 4 €. Den gleichen Film gibt es im Kino „Cinema“ für 5 €. Das sind ______ % mehr. In der „Schauburg“ muss man ______ % weniger als im „Cinema“ bezahlen.

1 Eine Klassenarbeit hatte folgenden Zensurenspiegel. Bestimme die relativen Häufigkeiten der einzelnen Noten als Bruch und als prozentualen Wert. Zeichne anschließend ein Säulendiagramm.

Note	1	2	3	4	5	6
Anzahl	3	6	12	6	3	0
relative Häufigkeit	$\frac{3}{30} = \frac{1}{10}$					
in %	10 %					

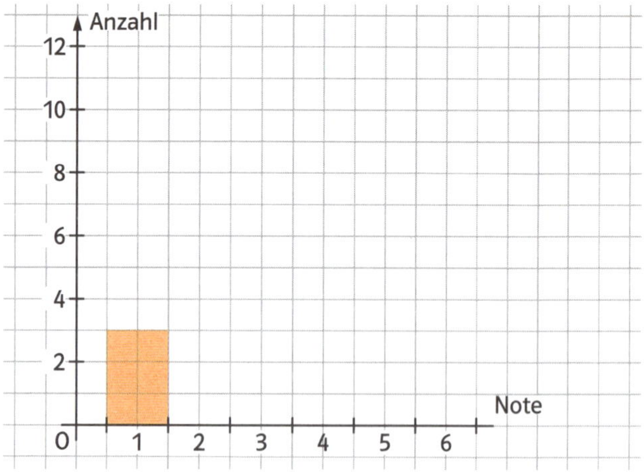

2 Den Notenspiegel aus Aufgabe 1 kannst du auch als Kreisdiagramm darstellen. Dazu musst du zunächst zu jeder relativen Häufigkeit den Winkel des „Tortenstücks“ berechnen.
Beispiel: $\frac{1}{10}$ von 360° = 36°.
Fülle die Tabelle aus und vervollständige das Kreisdiagramm.

Note	1	2	3	4	5	6
Mittelpunktswinkel	36°					

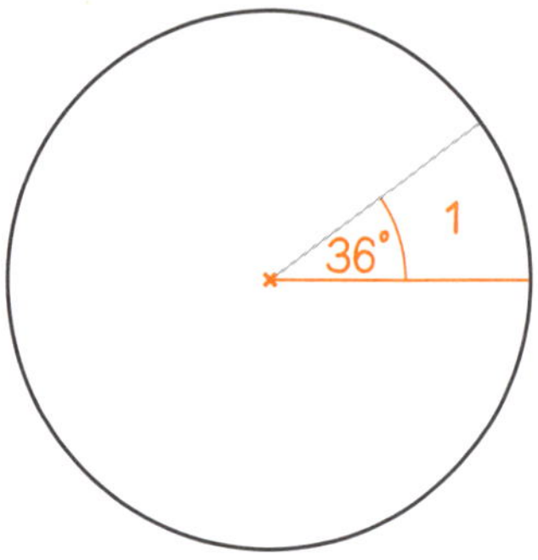

3 In dem Balkendiagramm rechts siehst du, wie viele Äpfel und wie viele Schaumküsse die einzelnen Familienmitglieder pro Woche essen.

Die meisten Äpfel isst ______________, nämlich _____ Stück pro Woche. ____________ mag keine Schaumküsse. Mit einem Apfel pro Woche ist __________ zufrieden. Im Mittel isst jedes Familienglied _____ Äpfel und _____ Schaumküsse pro Woche. Insgesamt muss die Familie jede Woche ________ Äpfel kaufen, bei einem Preis von 30 ct pro Apfel schlägt das mit _________ € zu Buche.

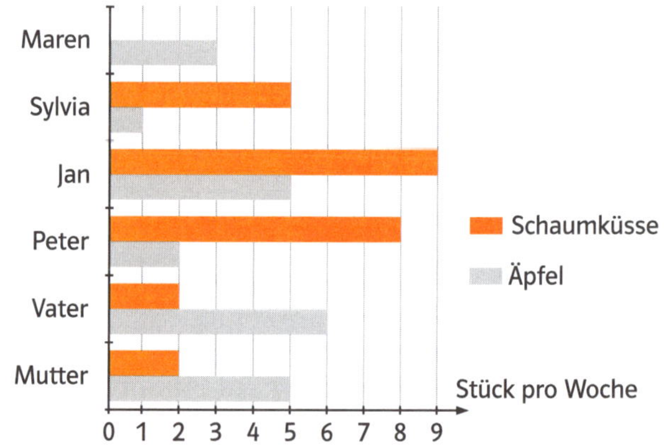

4 Bestimme den Mittelwert der Temperaturen auf der Zugspitze und auf dem Brocken (Jahresmittelwert) und zeichne ihn in das Temperaturdiagramm als waagerechte Linie ein.

Zugspitze: ____________ °C, Brocken: ____________ °C

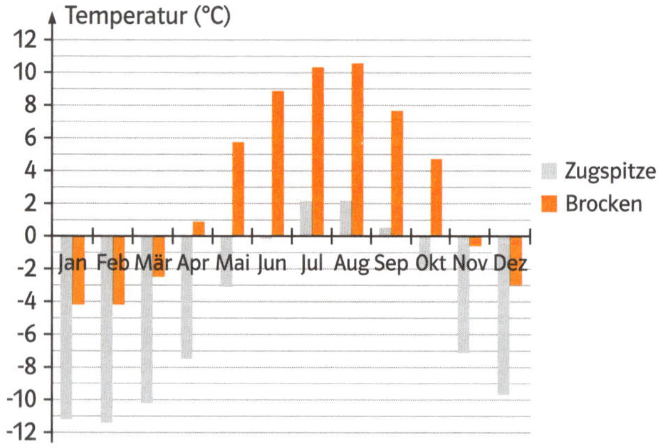

	Zugspitze	Brocken
Januar	−11,2	−4,2
Februar	−11,4	−4,2
März	−10,2	−2,4
April	−7,5	0,9
Mai	−3,1	5,7
Juni	−0,1	8,8
Juli	2,2	10,3
August	2,2	10,5
September	0,5	7,7
Oktober	−2,1	4,7
November	−7,1	−0,5
Dezember	−9,7	−3

1 Kreuze alle achsensymmetrischen Figuren an. Korrigiere gegebenenfalls die Lage der Symmetrieachse.

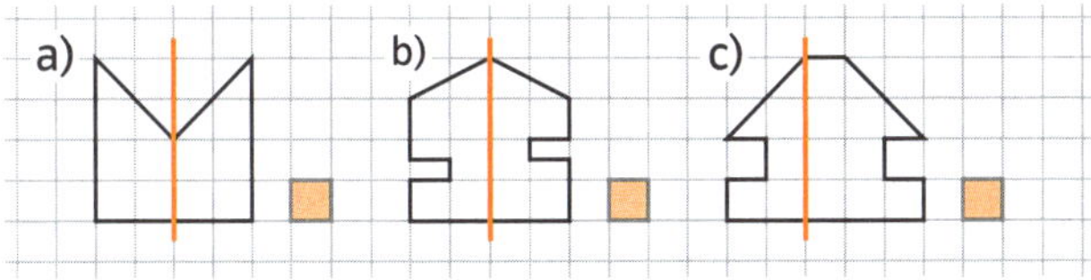

2 a) Welche der folgenden Wörter sind achsensymmetrisch? Kreuze an.
b) Zeichne die Achsen ein.

☐ UHU ☐ MAOAM ☐ PIPI

☐ ANNA ☐ EDE ☐ TOTO

3 Spiegle die Figuren jeweils an der eingezeichneten Spiegelachse.

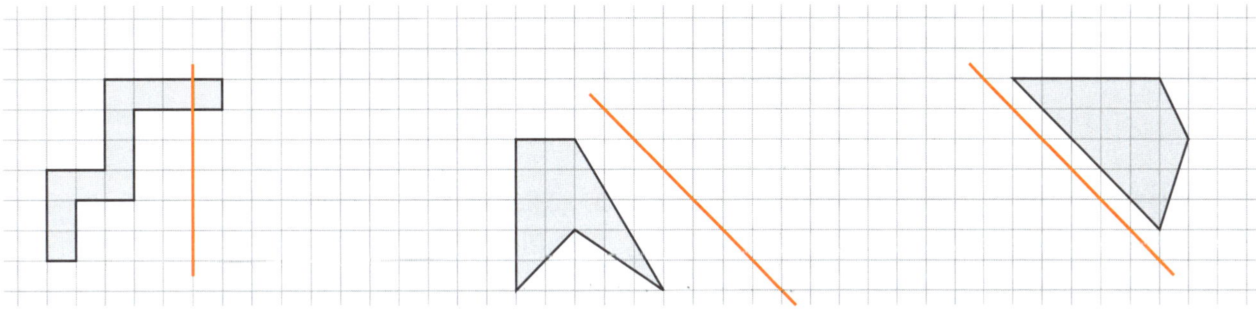

4 Hier sind beim Spiegeln einige Fehler unterlaufen. Verbessere die orangen Spiegelbilder.

5 a) Zeichne die Dreiecke und die zugehörigen Geraden jeweils in unterschiedlichen Farben. Spiegle jedes Dreieck an der angegebenen Geraden.
b) Bestimme dann die Koordinaten der Bildpunkte und trage sie in die Tabelle ein.

	Dreieck 1	Dreieck 2	Dreieck 3
Eckpunkte	A(−7 | −8)	D(0 | −8)	G(−6 | 4)
	B(−1 | −2)	E(8 | −8)	H(−1 | 1)
	C(−4 | −1)	F(3 | −3)	J(4 | 7)
Punkte auf der Geraden	P(−8 | −9)	R(9 | −7)	T(4 | 4)
	Q(2 | 1)	S(2 | 0)	U(8 | 0)
Bildpunkte	A'(|)	D'(|)	G'(|)
	B'(|)	E'(|)	H'(|)
	C'(|)	F'(|)	J'(|)

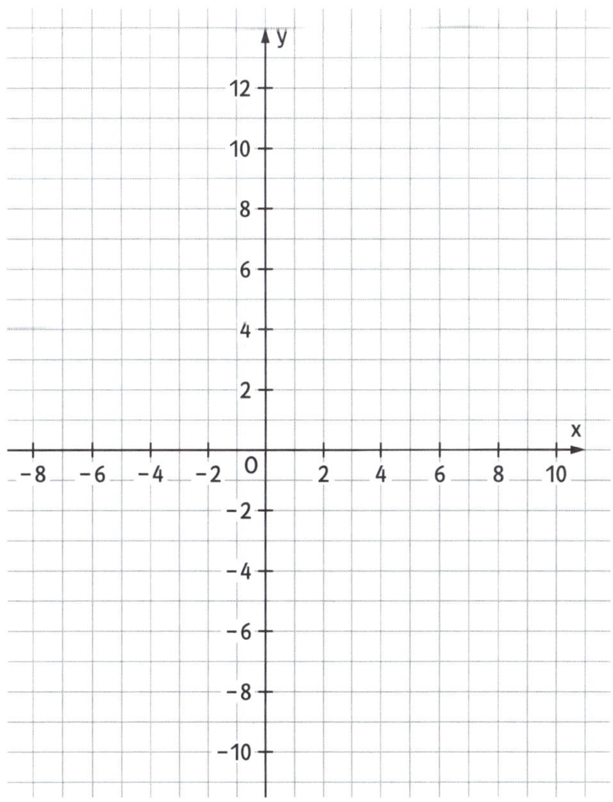

1 a) Konstruiere zu den beiden Punkten P(4 | 5) und S(−4 | −3) die Symmetrieachse a.

Der Punkt A(0 | ____) liegt auf der Symmetrieachse.

b) Konstruiere eine Gerade parallel zur entstandenen Symmetrieachse durch den Punkt (6 | 1). Spiegle diese neue Gerade an der Symmetrieachse. Nenne zwei Punkte der neu entstandenen Geraden.

Punkt B(____ | ____) und Punkt C(____ | ____)

c) Spiegle das Dreieck PQR mit den Punkten Q(8 | 5) und R(4 | 9) an der Symmetrieachse b, die durch die Punkte P und T(0 | 9) geht.
Gib die Koordinaten an.

P′(____ | ____), Q′(____ | ____) und R′(____ | ____)

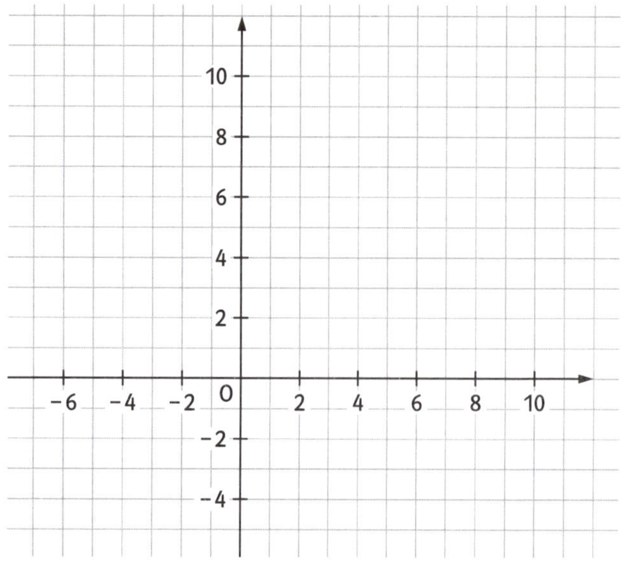

2 Durch A und B verläuft die Gerade g.

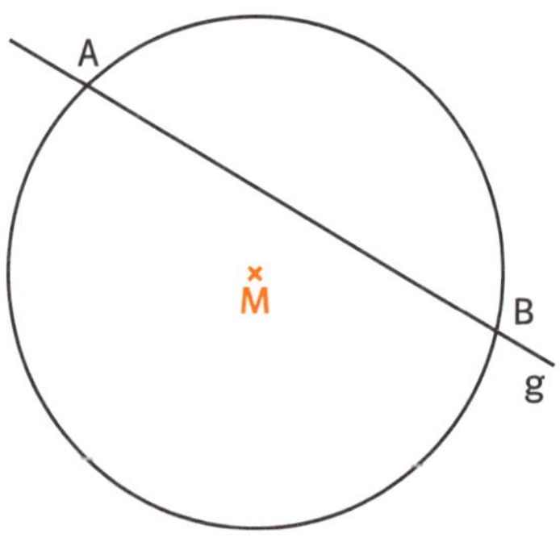

a) Zeichne eine Symmetrieachse r durch M, so dass g und ihre Bildgerade aufeinander liegen.
b) Wo muss die Symmetrieachse s liegen, damit sich g und die Bildgerade nicht schneiden?

____

____

c) Findest du eine Symmetrieachse t durch M, so dass das Bild von g keinen Schnittpunkt mit dem Kreis hat? Begründe deine Lösung.

____

____

3 a) Konstruiere zu den Punkten B und B′(12 | 12) die Symmetrieachse. Spiegle den Pinguin an der Achse.

b) Ergänze die Koordinate der Punkte, die auf der Symmetrieachse liegen P(____ | 3) und Q(____ | 6)

c) Bestimme die Koordinaten der Bildpunkte

A′(____ | ____), B′(____ | ____),

C′(____ | ____), D′(____ | ____)

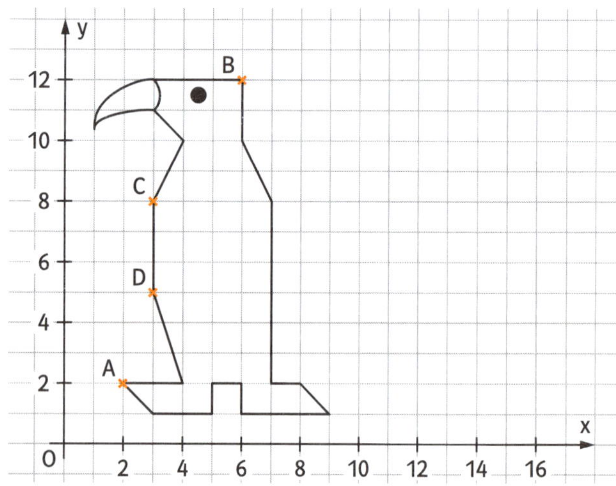

4 Spiegle das Sechseck so, dass A′ der Bildpunkt von A ist. Spiegle dann die gesamte Figur an der Symmetrieachse h.

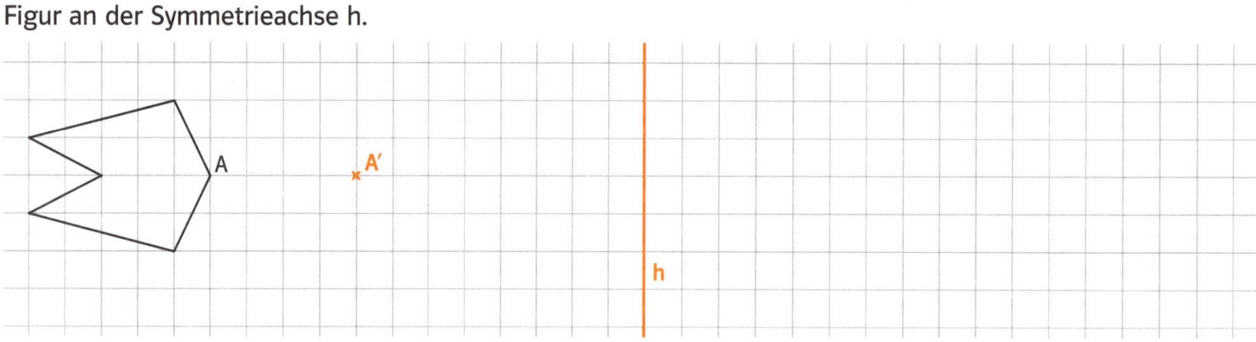

1 a) Zeichne alle Mittelsenkrechten ein.

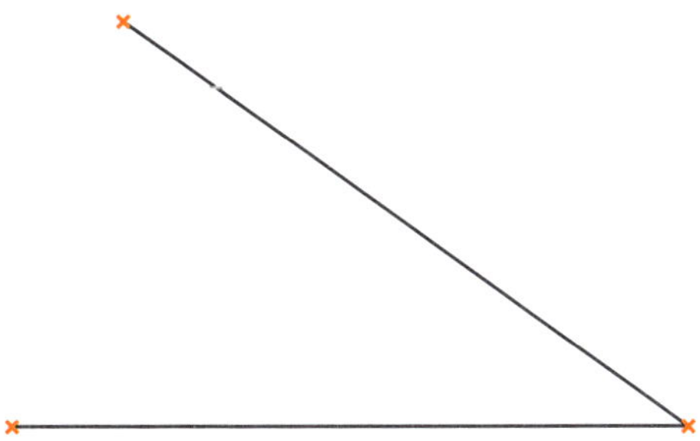

b) Zeichne alle Winkelhalbierenden ein.

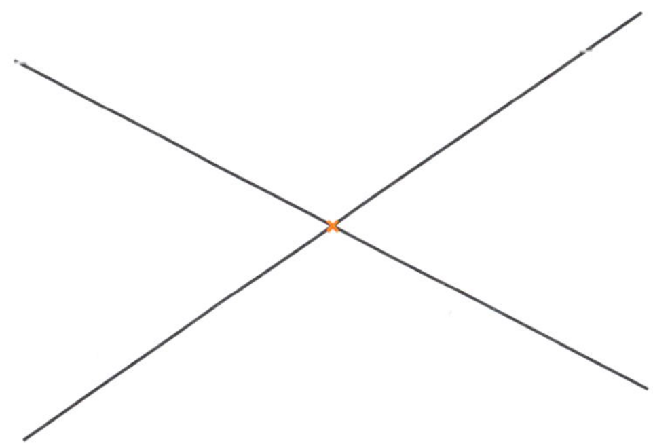

2 Bei der Benutzung der Handys in Neustadt und Altenburg gibt es immer öfter Probleme. Deshalb möchte die Betreibergesellschaft FreeHand einen neuen Sendemast aufstellen. Er soll natürlich von beiden Stadtzentren gleich weit entfernt sein und außerhalb des militärischen Sperrbezirks liegen. Zeichne mögliche Standorte ein.

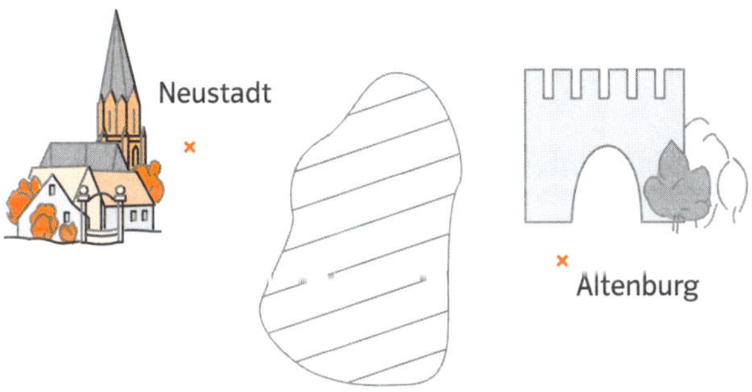

3 Zeichne vier Punkte A(−3 | 0,5), B(0 | −2,5), C(2 | −0,5) und D(4 | 1,5). Konstruiere die Mittelsenkrechte zu [AB] und [CD]. Wo liegt ihr Schnittpunkt?

S(|)

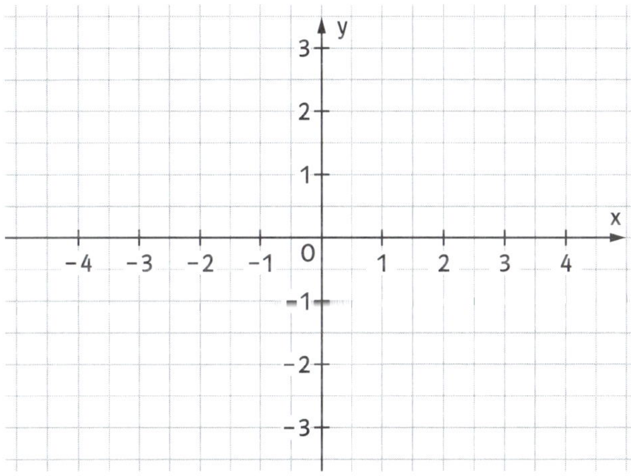

4 Zeichne im Koordinatensystem die Strecken [AB] und [BC]. Die Koordinaten der Punkte sind: A(1 | 2), B(7 | 1) und C(6,5 | 4).

a) Gesucht sind die Punkte P_1 und P_2, die von [AB] und [BC] gleich weit entfernt sind. Außerdem soll die Entfernung zu C 2,5 Einheiten betragen. Wie lauten die Koordinaten der Punkte? P_1(|) P_2(|)

b) Konstruiere das Lot l zur Strecke [BC] durch A.

c) Gibt es einen Punkt, der von der Strecke [BC] 2 Längeneinheiten und vom Punkt A 1,5 Längeneinheiten entfernt ist? ____________________

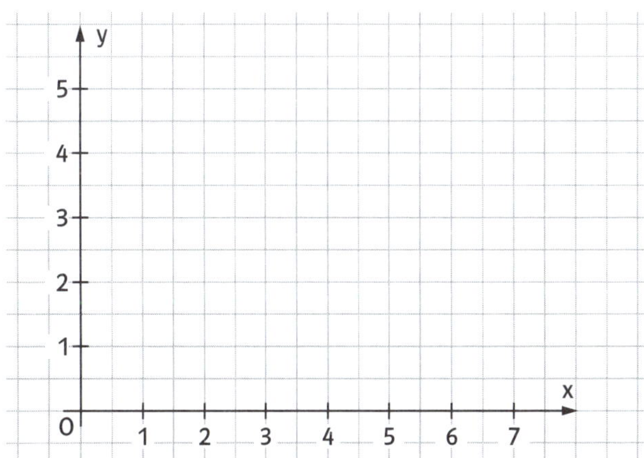

5 Gesucht ist der Punkt, der von der Strecke [AB] und der Strecke [BC] den gleichen Abstand hat sowie von den Punkten A und C gleich weit entfernt ist. Bestimme den gesuchten Punkt zeichnerisch.

1 a) Welche Spielkarten sind achsensymmetrisch?

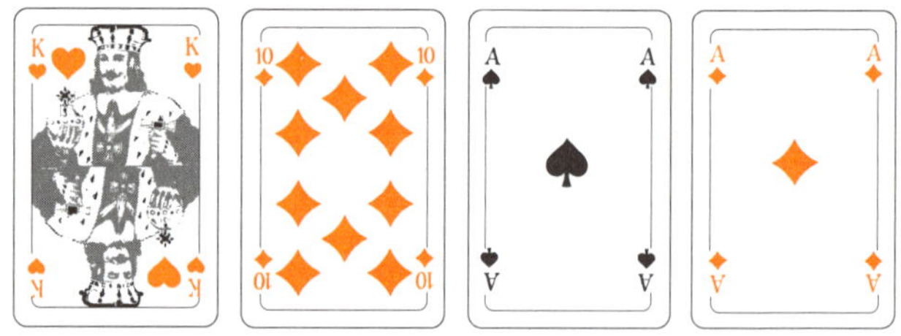

____

b) Welche Spielkarten sind punktsymmetrisch?

____

c) Welche Spielkarten sind achsen- und punktsymmetrisch? ______________________________

d) Zeichne die Symmetriezentren und die Symmetrieachsen ein.

2 Untersuche, ob die nachfolgenden Figuren punktsymmetrisch, achsensymmetrisch oder beides sind. Vervollständige die Tabelle.

	a)	b)	c)	d)	e)	f)	g)	h)
achsensymmetrisch	×	×						
punktsymmetrisch		×						

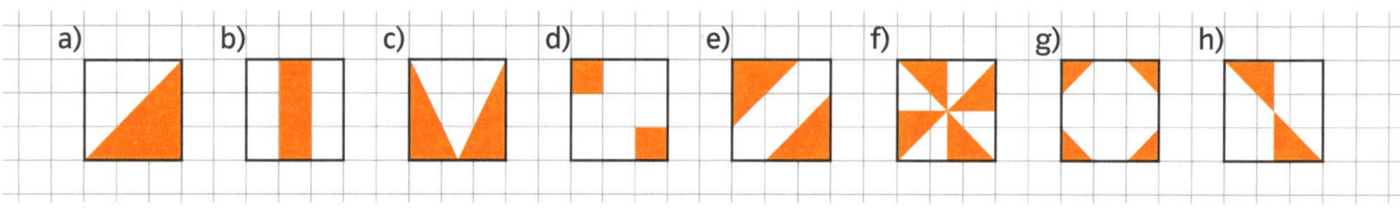

3 Das Viereck mit den Eckpunkten A(1 | 4), B(4 | 0), C(7 | 4) und D(4 | 8) wurde am Symmetriepunkt Z gespiegelt. Dabei wurde Punkt C in den Punkt C′(9 | 6) abgebildet.
a) Zeichne das Viereck und den Bildpunkt ein.
b) Ermittle die Koordinaten des Symmetriezentrums Z(___ | ___).
c) Zeichne das Viereck A′B′C′D′.
d) Zeichne die Symmetrieachsen der Figur ABCD farbig ein.
e) Die Figuren sind beide punktsymmetrisch. Ermittle die Koordinaten des Symmetriepunktes Z′ der Figur A′B′C′D′: Z′(___ | ___).

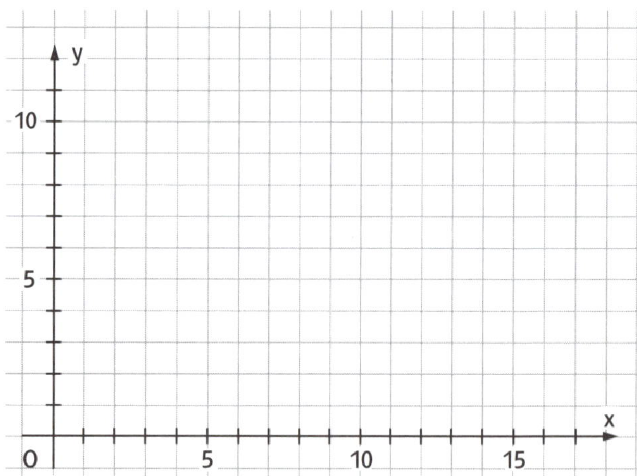

4 Peter behauptet, die zweite Figur sei jeweils durch Punktspiegelung aus der ersten hervorgegangen. Kreuze die Paare an, bei denen er recht hat. Zeichne Z dann passend ein.

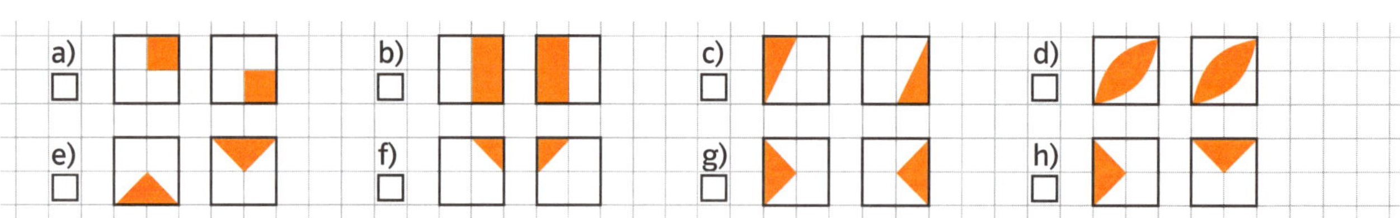

1 a) Konstruiere im Koordinatensystem das Quadrat ABCD mit dem Eckpunkt C(3 | 5) und dem Mittelpunkt M(0 | 2).
b) Zeichne das Parallelogramm EFGH mit den Eckpunkten E(−4 | −3), F(0 | −3), G(2 | 3) und H(|).
c) Wie heißen die Vierecke ABGH und HGCD?

____

d) Wie heißt das Viereck EFBA? ______________________________

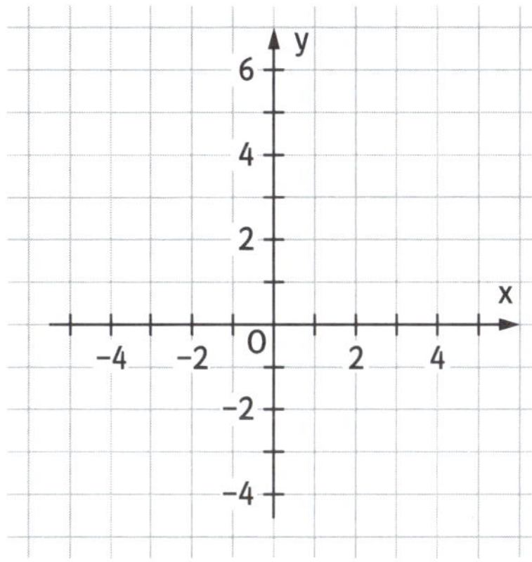

2 Hier siehst du die Hälfte der Diagonalen eines Vierecks und den Diagonalenschnittpunkt M. Ergänze die Figur zu einem symmetrischen Viereck und notiere darunter seinen Namen.

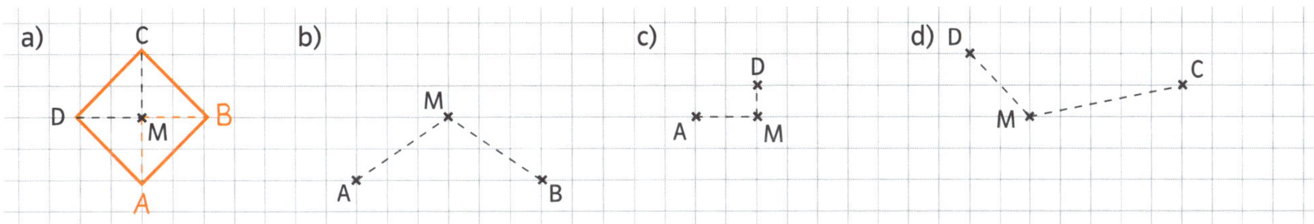

______________ ______________ ______________ ______________

3 Notiere alle möglichen Vierecke.

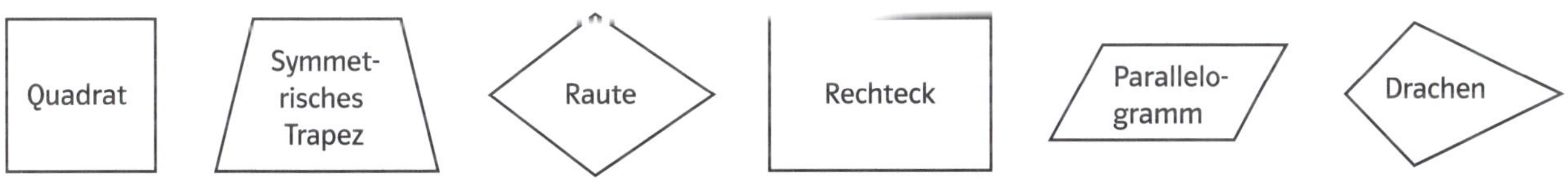

a) Mein Viereck ist punktsymmetrisch, hat aber keine Symmetrieachse.

b) Die Diagonalen meines Vierecks halbieren sich nicht.

c) Je zwei gegenüberliegende Winkel meines Vierecks sind gleich groß.

d) Die Diagonalen meines Vierecks sind senkrecht zueinander.

4 Zeichne ein Viereck, das folgende Bedingungen erfüllt:
a) Die Figur besitzt genau eine Symmetrieachse, kein Symmetriezentrum und zwei benachbarte Seiten sind jeweils gleich lang.
b) Hier findest du genau vier Symmetrieachsen.
c) Genau zwei Symmetrieachsen und vier gleich lange Seiten zeichnen dieses Viereck aus.

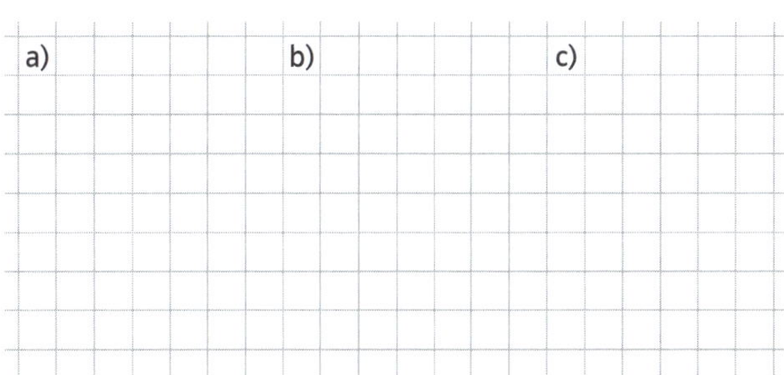

Fülle die Lücken. Für jeden Buchstaben findest du einen Strich. Schlage in deinem Buch nach, wenn du dir nicht sicher bist. Löse dann die Beispielaufgaben.

Achsensymmetrie

Für achsensymmetrische Figuren gilt:

- Es gibt eine Symmetrieachse.
- Die Punkte A und A′ sind _ _ _ _ _ _ _ _ _ _ bezüglich der Achse g.
- Die Verbindungsstrecke [AA′] steht _ _ _ _ _ _ _ _ _ auf der Achse g.
- Alle Achsenpunkte sind von zueinander symmetrischen _ _ _ _ _ _ _ gleich weit entfernt.

■ Spiegele die Figur.

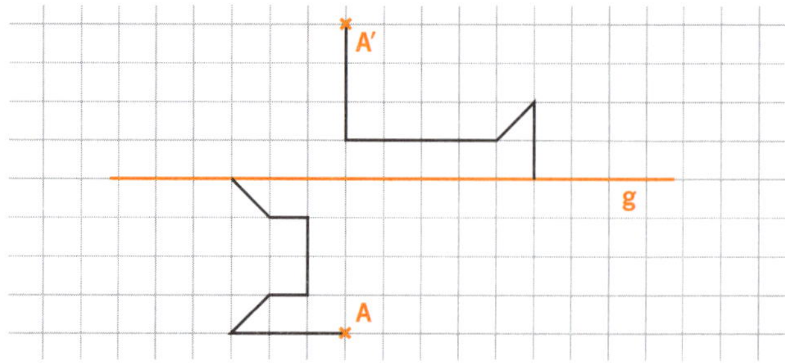

Punktsymmetrie

Beobachte anhand der Figur: Punktsymmetrische Figuren gehen bei einer Halb- _ _ _ _ _ _ _ um das Zentrum Z in sich über. Das Symmetriezentrum halbiert die Verbindungsstrecke zweier _ _ _ _ _ -symmetrischer Punkte.

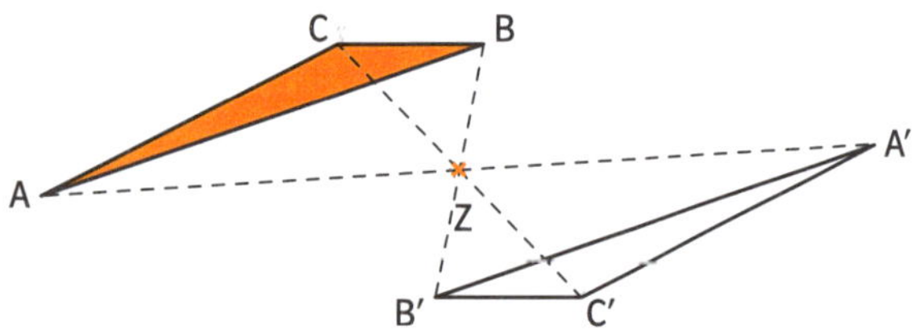

■ Führe eine Punktspiegelung durch.

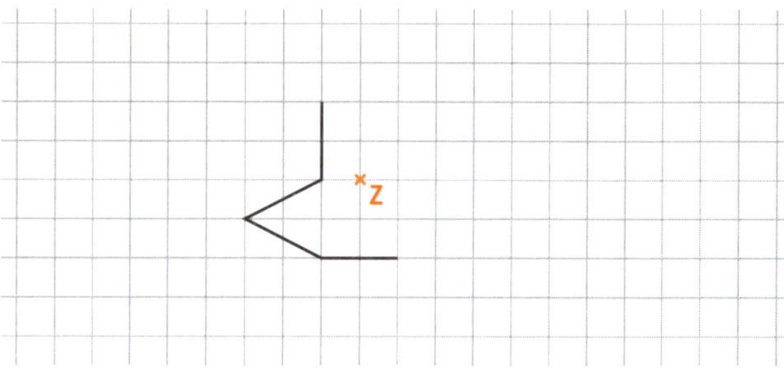

Konstruktion

Die Mittelsenkrechte m zur Strecke [AB] ist die _ _ _ _ _ _ _ _ _ -achse der Punkte A und B.

Die _ _ _ _ _ _ -halbierende w_α ist die Symmetrieachse der beiden Schenkel des Winkels α.

Das Lot l zu einer Geraden g durch einen _ _ _ _ _ P wird konstruiert, indem man um P einen Kreis zeichnet, der g in zwei Punkten A und B schneidet und dann die Symmetrieachse zu den Punkten A und B konstruiert.

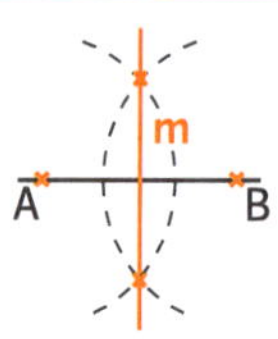

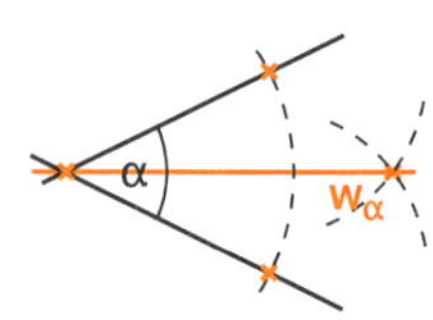

Winkelhalbierende

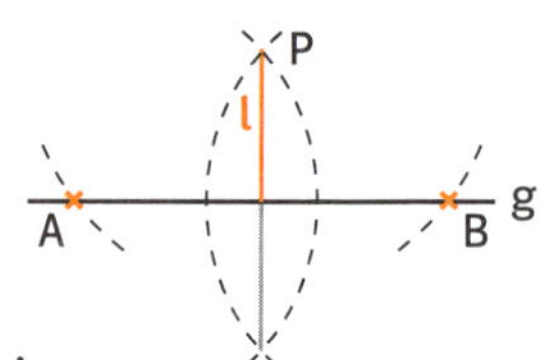

■ Benenne die orangen Linien.

Achsen- und punktsymmetrische Vierecke

Ein Viereck mit

a) vier Symmetrieachsen nennt man _ _ _ _ _ _ _ _.

b) zwei Symmetrieachsen kann eine _ _ _ _ _ oder ein Rechteck sein.

c) einer Symmetrieachse kann ein achsensymmetrisches _ _ _ _ _ _ _ oder ein Drachen sein.

Ein _ _ _ _ _ _ _ _ _ _ _ _ _ _ _ _ ist punktsymmetrisch, aber nicht achsensymmetrisch.

■ Zeichne die Symmetrieachsen bzw. das Symmetriezentrum ein.

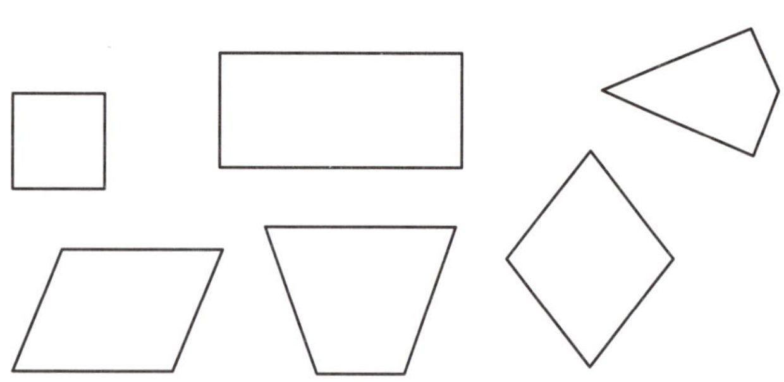

1 Die Geraden g und h sind parallel. Wie groß sind die Winkel α und β? Welche Winkelsätze hast du angewendet? (Schreibe **NW** für Nebenwinkel, **SchW** für Scheitelwinkel, **StW** für Stufenwinkel und **WW** für Wechselwinkel.)

Scheitelwinkel sind gleich groß.

a)

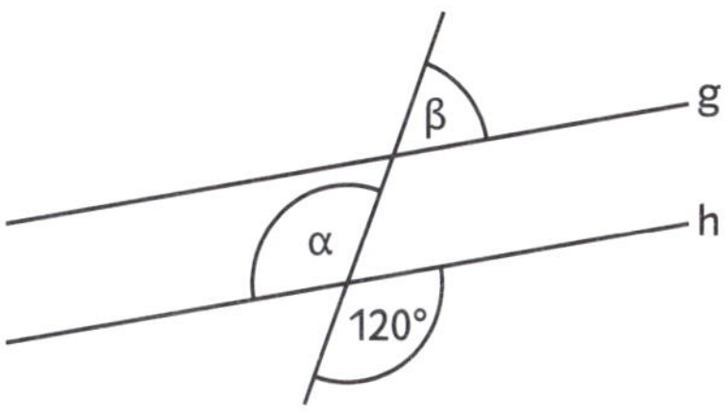

b)

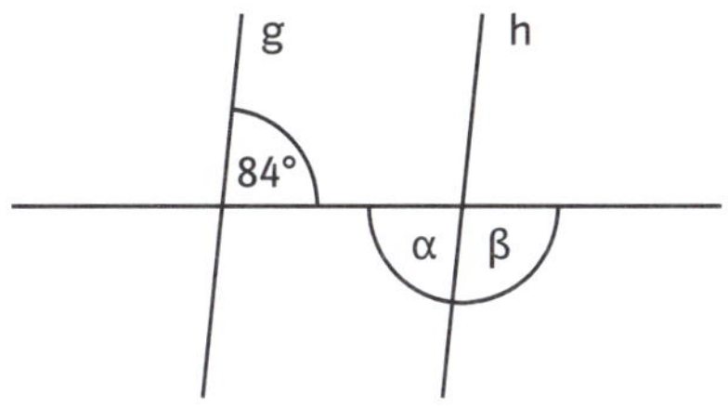

c)

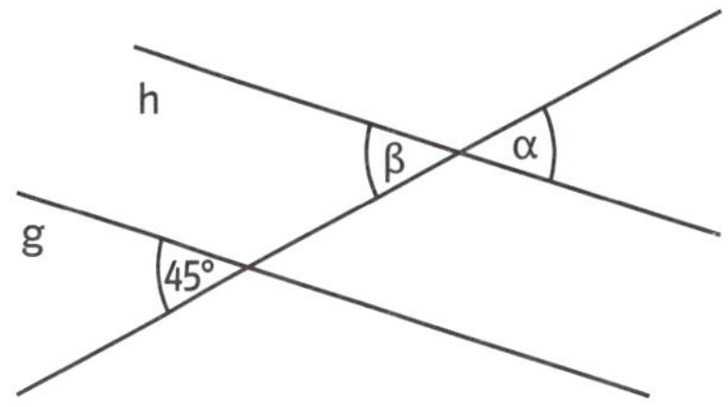

a) α = ______ als ______ zu ______

β = ______ als ______ zu ______

b) α = ______ als ______ zu ______

β = ______ als ______ zu ______

c) α = ______ als ______ zu ______

β = ______ als ______ zu ______

2 Bestimme für die Zeichnungen die Winkel α_1 bis α_8. Trage die Werte in die Tabelle ein und berechne jeweils die Lösungswinkel. Die zugehörigen Lösungsbuchstaben bilden ein Lösungswort. Du erhältst sie so: Lösungswinkel 13° bedeutet: der 13. Buchstabe im Alphabet: M

Nebenwinkel ergeben zusammen 180°.

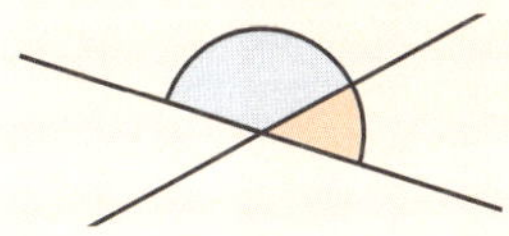

Rechnung	Lösungs-∢	Buchstabe
$(\alpha_1 - 7°) : 5 = (72° - 7°) : 5 = 13°$	13°	M
$\alpha_2 : 12 - 8° =$		
$(\alpha_3 - 12°) : 3 =$		
$(\alpha_4 - 33°) : 10 =$		
$(\alpha_5 - 4°) : 21 =$		
$\alpha_6 : 2 - 20° =$		
$(\alpha_7 - 10°) : 3 =$		
$(\alpha_8 + 24°) : 5 =$		

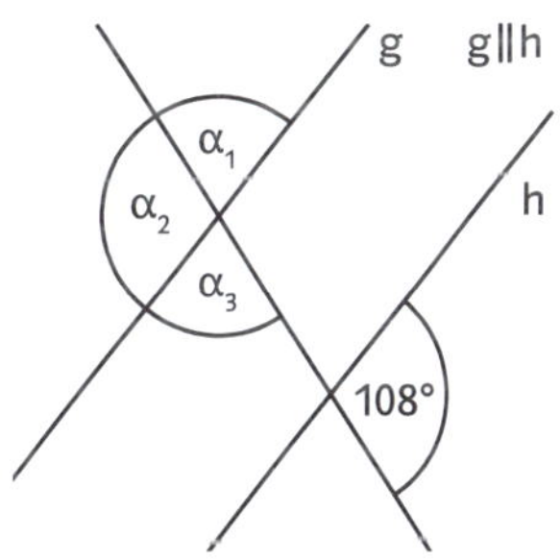

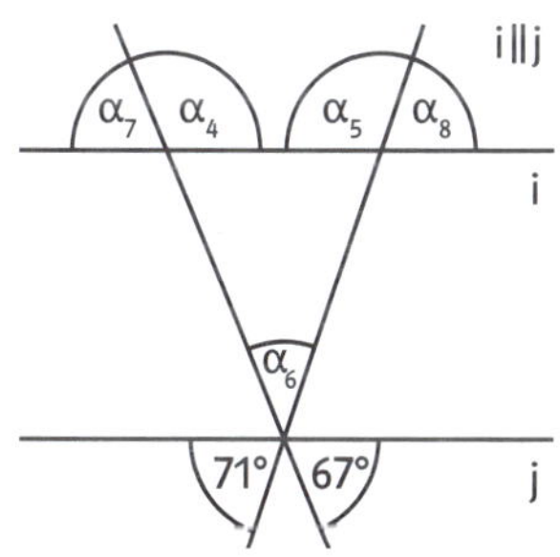

3 Sind die Geraden g und h parallel? Berechne die anderen Winkel, die du auf dem Blatt erkennst.
Trage die Winkel und ihre Größen ein.

a) g ______ h

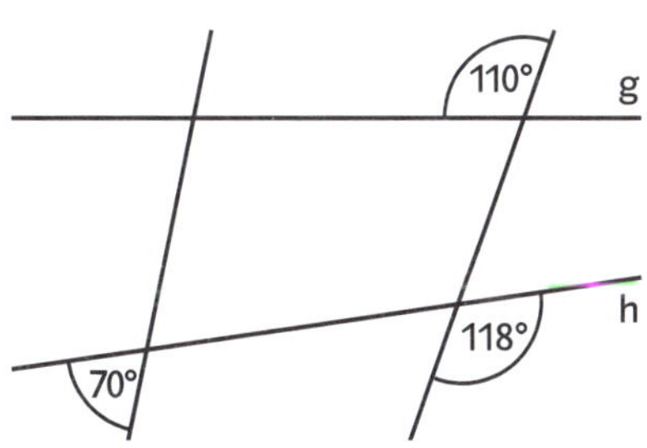

b) g ______ h

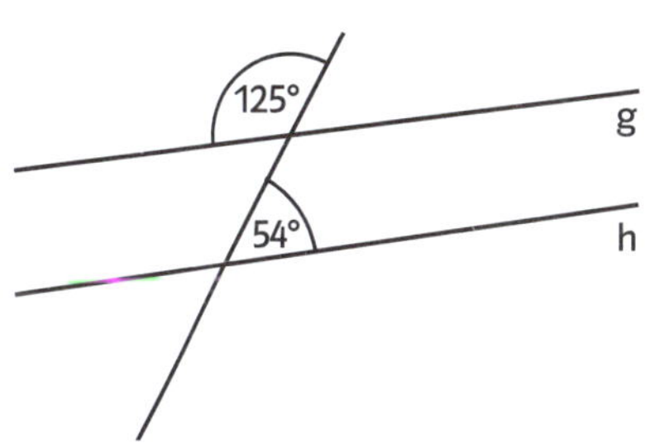

4 Bestimme die Winkelgröße.

a) Wenn α = β = 50°, dann ist γ = ______° und δ = ______°.

b) Wenn γ = 53,5° und β = 58° groß sind, sind α = ______° und δ = ______°.

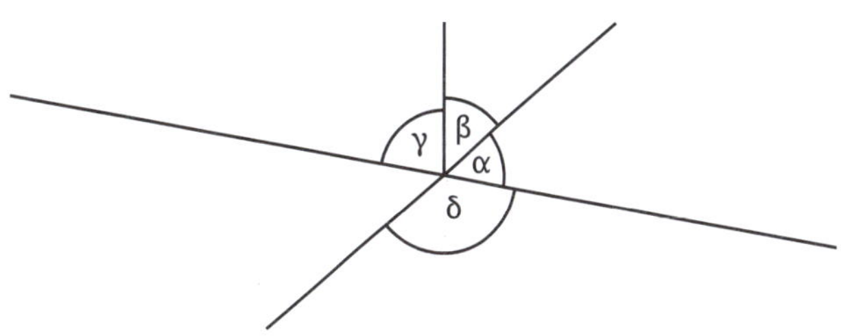

1 Berechne alle fehlenden Winkel und trage sie ein.

a)

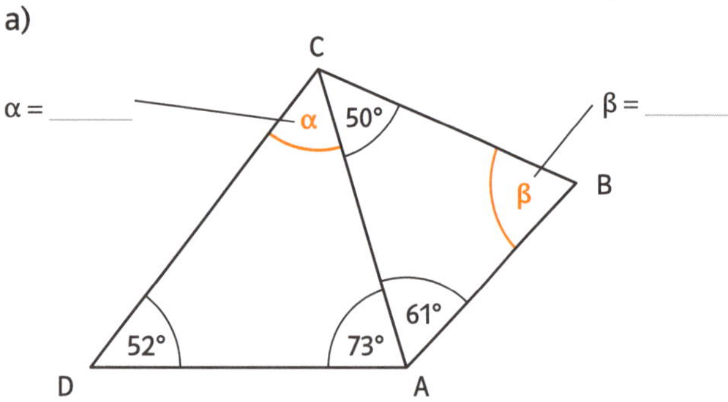

b)

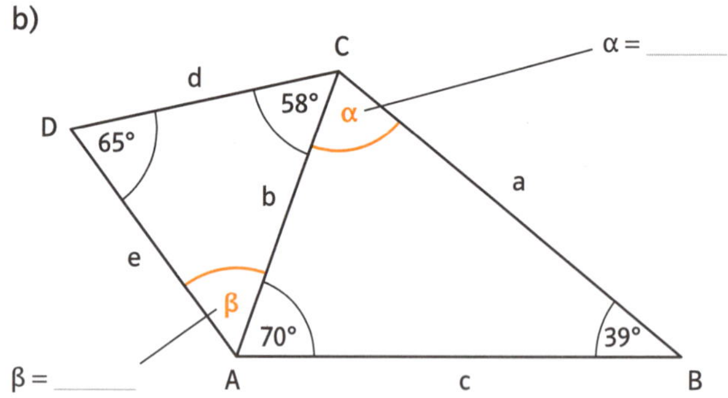

2 Berechne, falls möglich, die fehlenden Winkel im Dreieck.

	α	β	γ
a)	59°	86°	
b)	145°	55°	
c)	14°		140°
d)		90°	34°
e)	60°		75°
f)		45°	105°

3 Im Dreieck ist ein Winkel von 87° vorgegeben. Schreibe fünf Möglichkeiten für die beiden fehlenden Winkel auf.

a)		
b)		
c)		
d)		
e)		

4 Berechne alle Winkel; w ist die Winkelhalbierende des rechten Winkels. Schreibe die Größe der gekennzeichneten Winkel in die Zeichnung.

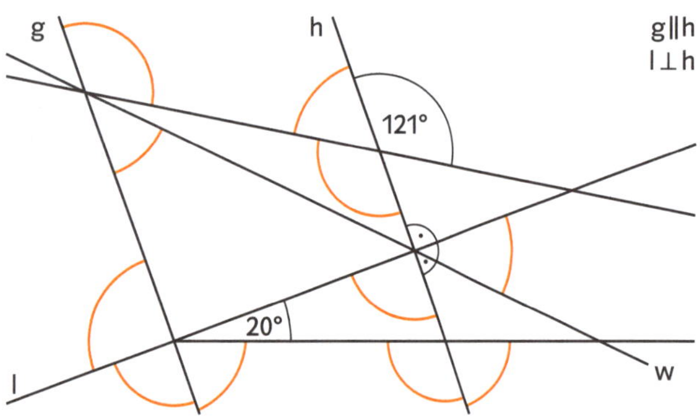

5 Berechne alle fehlenden Winkel und trage sie in die Tabelle ein.

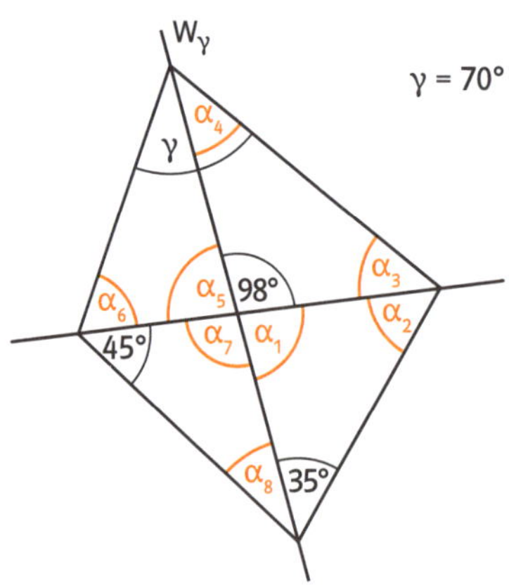

$α_1$	
$α_2$	
$α_3$	
$α_4$	
$α_5$	
$α_6$	
$α_7$	
$α_8$	

6 Berechne auch hier alle fehlenden Winkel und trage sie in die Tabelle ein. g und h sind parallel.

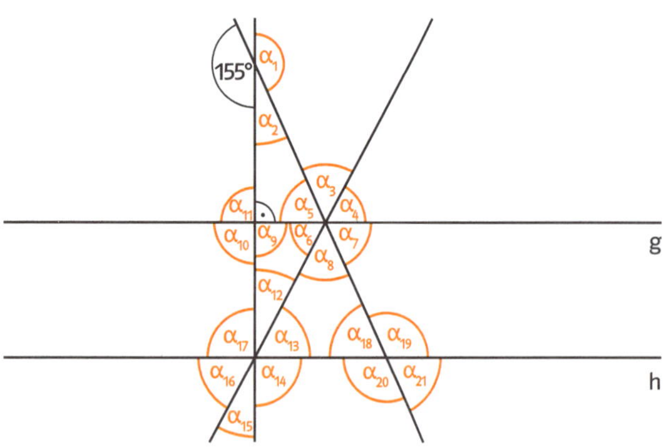

$α_1$		$α_8$		$α_{15}$	
$α_2$		$α_9$		$α_{16}$	
$α_3$		$α_{10}$		$α_{17}$	
$α_4$	60°	$α_{11}$		$α_{18}$	
$α_5$		$α_{12}$		$α_{19}$	
$α_6$		$α_{13}$		$α_{20}$	
$α_7$		$α_{14}$		$α_{21}$	

1 Ergänze die Winkelsummen.

Vieleck	Winkelsumme
Dreieck	
Viereck	
Fünfeck	
Sechseck	
n-Eck	

2 Berechne die Winkel im Viereck ABCD.

a) Es soll gelten: $\alpha = 100°$, γ ist halb so groß wie α, β ist doppelt so groß wie δ.

β = ______°, γ = ______°, δ = ______°

b) α ist dreimal so groß wie β, γ ist fünfmal so groß wie β, und δ ist sechsmal so groß wie β.

α = ______°, β = ______°, γ = ______°, δ = ______°

3 Entscheide, ob die Aussage richtig oder falsch ist.

Ausssage	richtig	falsch
a) Ein Viereck kann drei überstumpfe Winkel haben.	○	○
b) In einem gleichschenkligen Trapez sind je zwei Winkel gleich groß.	○	○
c) Ein Fünfeck kann fünf stumpfe Winkel haben.	○	○
d) In einem gleichseitigen Dreieck sind alle Winkel gleich groß.	○	○
e) Ein Viereck hat mindestens einen spitzen Winkel.	○	○
f) Ein Fünfeck kann vier rechte Winkel haben.	○	○

4 Zeichne ein regelmäßiges Vieleck

a) mit 8 Ecken und der Seitenlänge 2 cm.

b) mit 9 Ecken in einem Kreis mit dem Radius r = 3 cm.

× M

5 Berechne die orange markierten Winkel.

a)

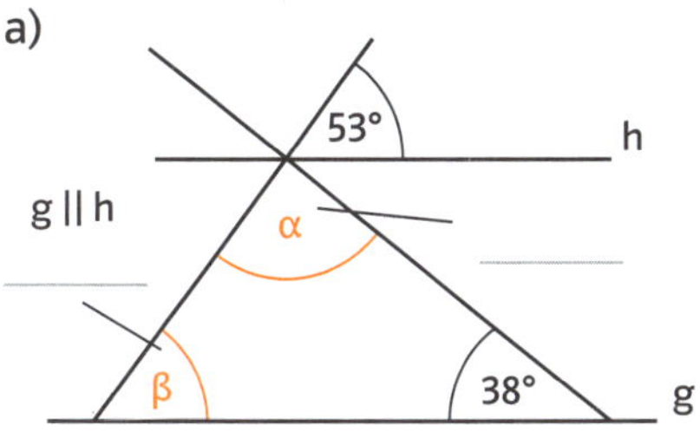

b)

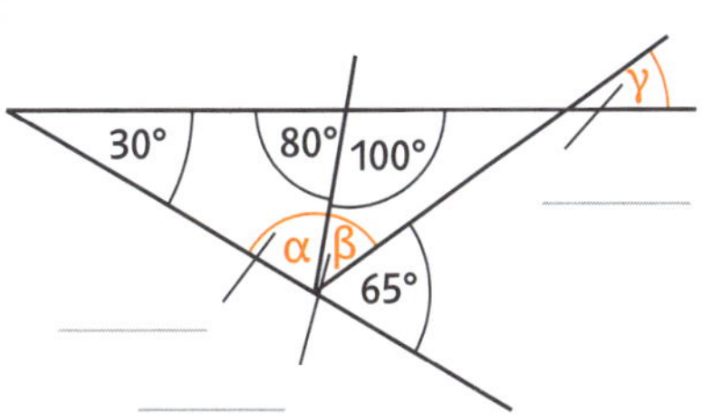

c)

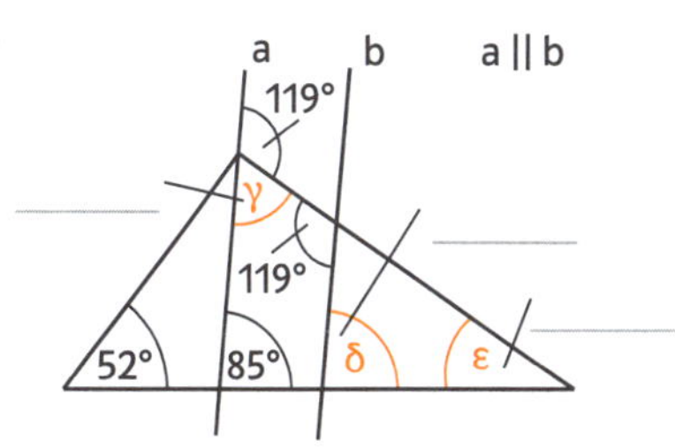

Fülle die Lücken. Für jeden Buchstaben findest du einen Strich. Schlage in deinem Buch nach, wenn du dir nicht sicher bist. Löse dann die Beispielaufgaben.

Scheitelwinkel und Nebenwinkel

Wenn sich zwei Geraden schneiden, nennt man die gegenüberliegenden Winkel _ _ _ _ _ _ _ _ _-winkel, diese sind _ _ _ _ _ _ _ groß.
Die benachbarten Winkel nennt man Nebenwinkel. Diese ergänzen sich zu _ _ _°.

______ -winkel

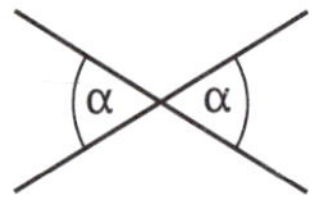

______ -winkel

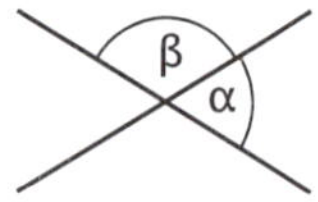

Stufenwinkel und Wechselwinkel

Wenn zwei Geraden g und h von einer anderen Geraden geschnitten werden, so entstehen _ _ _ _ _ _ _- bzw. Wechselwinkel.

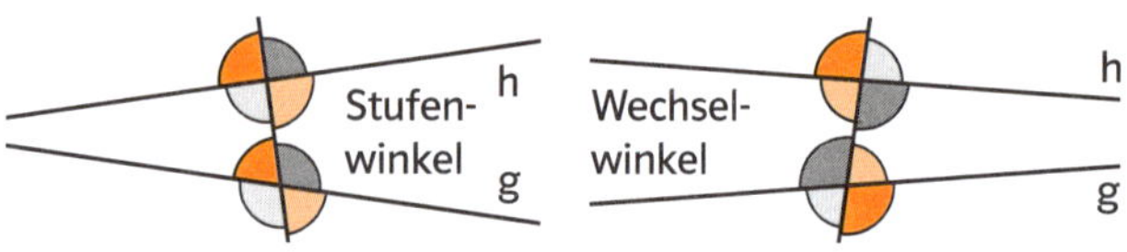

Wenn die zwei Geraden g und h _ _ _ _ _ _ _ _ _ zueinander sind, dann sind die Stufenwinkel und Wechselwinkel gleich groß.

■ g || h. Zeichne jeweils einen Stufen- und Wechselwinkel zu α_1 und β_1 ein und überprüfe durch Nachmessen.

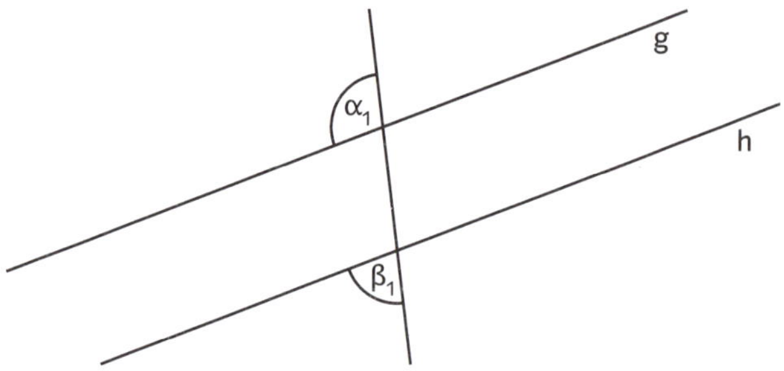

Winkelsumme im Dreieck

In einem Dreieck beträgt die Summe der drei Winkel 180°.

$\alpha + \beta + \gamma =$ ____ °

__ $= 180° - (\beta + \gamma)$

$\alpha =$ ____ °

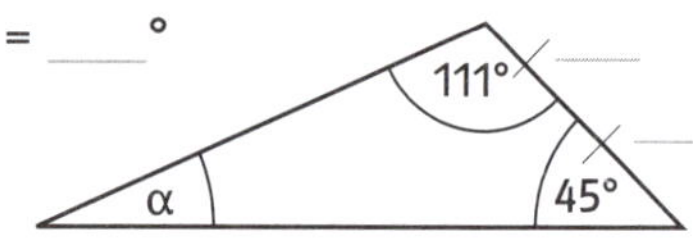

Bezeichnungen für Dreiecke

Es gibt folgende Dreiecksformen:

spitzwinklig	_ _ _ _ Winkel sind kleiner als 90°.
rechtwinklig	Ein Winkel beträgt genau _ _°.
stumpfwinklig	Ein Winkel ist _ _ _ _ _ _ _ als 90°.

■ Bestimme die Dreiecksformen.

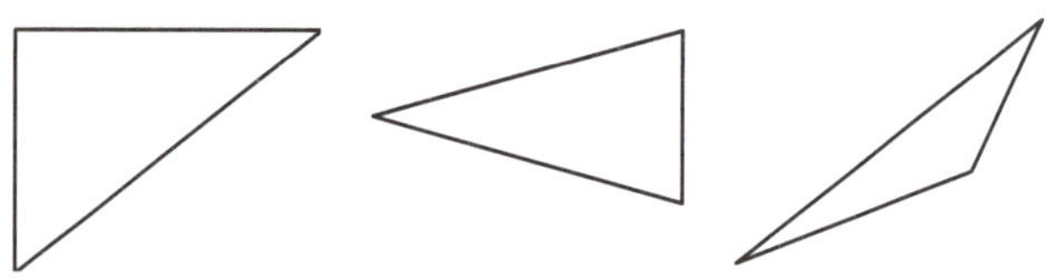

a) ________ b) ________ c) ________

Winkelsumme im Viereck

Die Winkelsumme in jedem Viereck beträgt _ _ _°.

Also gilt $\alpha + \beta + \gamma + \delta =$ _ _ _°.

■ $\gamma =$ ____ °

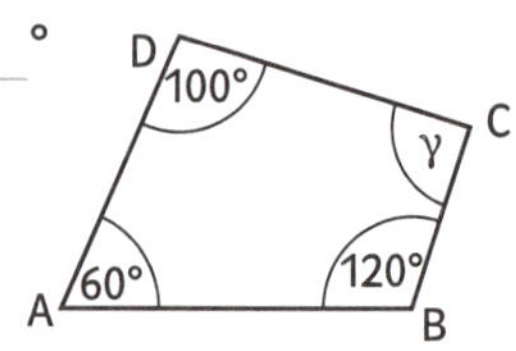

Winkelsumme im Vieleck

Die Winkelsumme in einem __ -Eck beträgt: $(n - 2) \cdot 180°$.

■ a) Die Winkelsumme in einem 7-Eck beträgt ____°.

b) Das __-Eck hat eine Winkelsumme von 4500°.

1 Stelle für die Gesamtlänge der schwarzen Linie einen Term auf.

a)

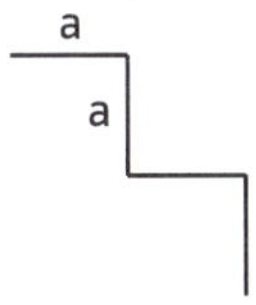

T(a) = ______

b)

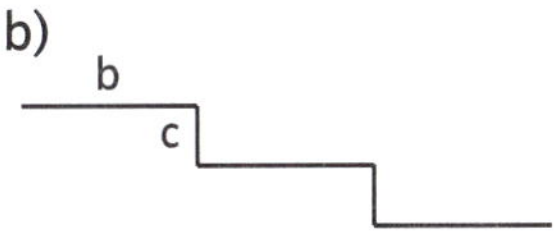

T(b;c) = ______

2 Zeichne einen Streckenzug, dessen Gesamtlänge durch den Term 2d + 4e gegeben ist.

3 Bilde einen Term. Welche Bedeutung hat die Variable?

a) Marlene ist 4 Jahre älter als ihr Bruder. x + 4; x steht für das Alter des Bruders.

b) Zum Nachfolger einer Zahl wird $\frac{1}{2}$ addiert: ______

c) Der Eintritt für einen Kinofilm mit Überlänge kostet nur 2 € weniger als das Doppelte des einfachen Eintrittspreises. ______

d) Nachdem vom Gewinn der Einsatz von 12 € abgezogen wurde, wird er auf 12 Personen aufgeteilt.

______

e) Gesucht ist die Gesamtlaufstrecke eines Joggers, der täglich trainiert und am Samstag bzw. Sonntag die 1,5-fache Laufstrecke bewältigt. ______

4 Zu jedem Term gehört eine der vier Rechenvorschriften. Welche ist die richtige?

a) (x + 3) · 3 − 3 ______

b) (3 · x − 3) + 3 ______

c) (x + 3) : 3 + 3 ______

A | x ⟶ addiere 3 ⟶ dividiere durch 3 ⟶ addiere 3

B | x ⟶ addiere 3 ⟶ multipliziere mit 3 ⟶ subtrahiere 3

C | x ⟶ multipliziere mit 3 ⟶ addiere 3 ⟶ subtrahiere 3

D | x ⟶ multipliziere mit 3 ⟶ subtrahiere 3 ⟶ addiere 3

d) Bilde den Term für die verbliebene Rechenvorschrift. ______

5 Ordne der Beschreibung den richtigen Term zu.

Umkreise den zugehörigen Buchstaben und du erhältst ein Lösungswort: ______,

das du rückwärts lesen musst: ______.

die Zahl vervierfachen und vom Ergebnis 12 abziehen	R | 4 · (x − 12)	L | 4 · x − 12
die Differenz aus 108 und der Summe aus 45 und einer Zahl	L | 108 − (45 + x)	E | (108 − 45) + x
zu 234 die gedachte Zahl addieren und das Ergebnis durch 3 dividieren	A | (234 + x) : 3	I | 234 + x : 3
zu −23 das Fünffache der Zahl addieren	B | −23 + 5 · x	N | −(23 + 5) · x
die Differenz aus 4,5 und dem dritten Teil der gedachten Zahl	F | (4,5 − x) : 3	S | 4,5 − x : 3
den Quotienten aus 45 und der gedachten Zahl quadrieren und davon 15 subtrahieren	S | $(45 : x)^2 - 15$	E | $45 : (15 - x)^2$
der dritte Teil der Differenz aus dem Doppelten der Zahl und 4	U | (2 · x − 4) : 3	L | 2 · x − (4 : 3)
das Zweieinhalbfache der Zahl um 7 verringern	S | 2,5 · (x − 7)	F | 2,5 · x − 7

Berechnen von Termwerten

1 Berechne die Werte der Terme.

x	$3x-5$	$-x+3$	$5-\frac{1}{2}x$	$(x+4)\cdot 2$
2	$3\cdot 2-5=1$			
$\frac{1}{4}$				
-2				
3,6				
-12				

2 Welcher Wert wurde für die Variable y gewählt?

a)

y				
$4y-1$	3	1	-5	19

b)

y				
$\frac{1}{4}y+3$	4	3	2,75	3,5

c)

y				
$4-2y$	6	-4	4	3

3 Trage den passenden Term in die Tabelle ein.

$2x^2+2$ $2x-1$ $4\left(x+\frac{1}{2}\right)$ $2x^2-2$ $2(x-1)$ $4-\frac{1}{2}x$

a)

x	2	0	$\frac{1}{2}$	-6
Term: ______	3	-1	0	-13

b)

x	2	0	$\frac{1}{2}$	-6
Term: ______	3	4	3,75	7

c)

x	2	0	$\frac{1}{2}$	-6
Term: ______	10	2	2,5	74

d)

x	2	0	$\frac{1}{2}$	-6
Term: ______	10	2	4	-22

4 Vervollständige den Rechenbaum und berechne die fehlenden Termwerte.
Tipp: ↑2 bedeutet hoch 2.

a)

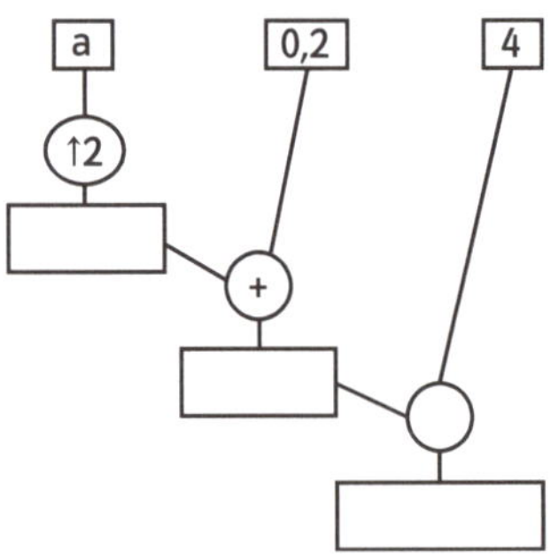

T(4) = 4,05
T(0) = ______
$T\left(\frac{1}{2}\right)$ = ______
T(−3) = ______
T(0,1) = ______
T(a) = ______

b)

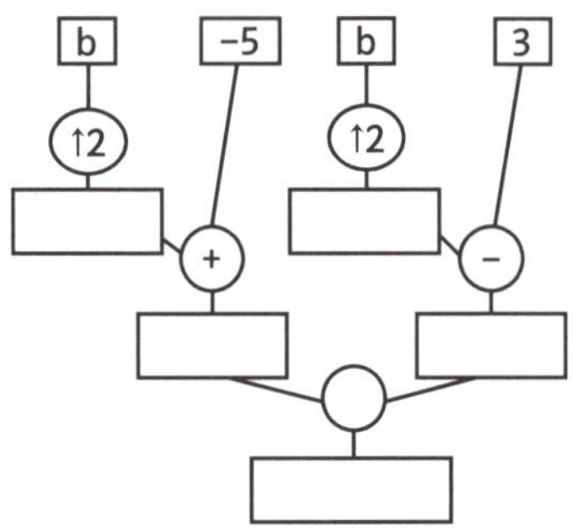

T(1) = 8
T(0) = ______
$T\left(\frac{1}{2}\right)$ = ______
T(−3) = ______
T(0,1) = ______
T(b) = ______

5 Ordne den Figuren die passenden Terme T(x; y) zur Berechnung ihres Flächeninhaltes zu.

$T(x;y)=(x+6)\cdot\frac{y}{2}$ $T(x;y)=x\cdot y$ $T(x;y)=\frac{x}{2}\cdot y$ $T(x;y)=\frac{x}{2}\cdot y+6$ $T(x;y)=x\cdot\frac{y}{2}$

a)

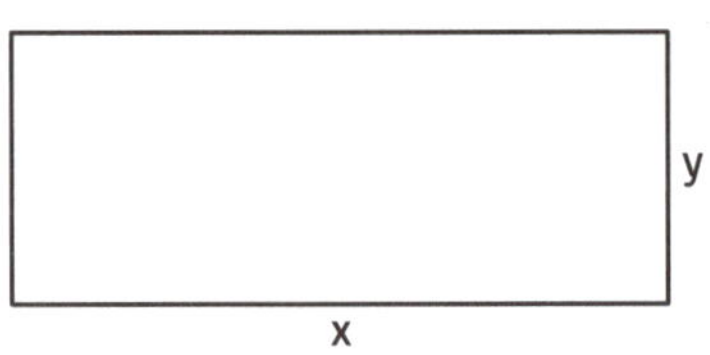

T(x; y) = ______
T(3; 2,5) = ______

b)

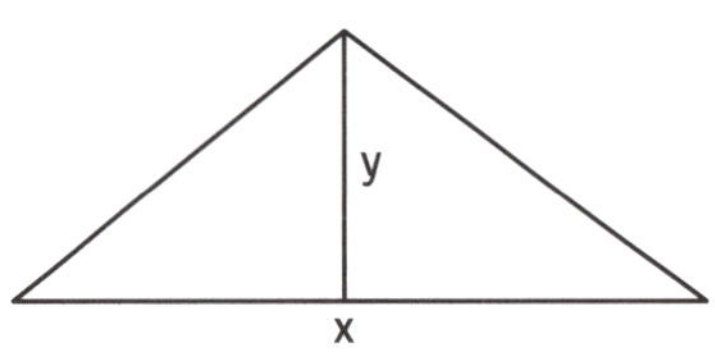

T(x; y) = ______
T(3; 2,5) = ______

c)

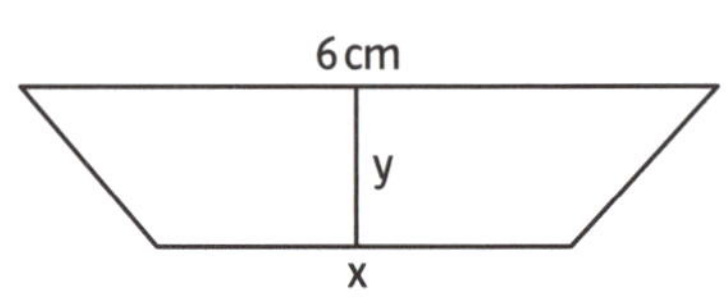

T(x; y) = ______
T(3; 2,5) = ______

1 a) Berechne den Umfang der Figuren. Dazu kannst du die Terme auf den Kärtchen benutzen. Ordne zu. Ordnest du die Lösungsbuchstaben richtig an, erhältst du ein Lösungswort.
b) Berechne dann den Wert aller Terme für a = 3 cm, b = 2 cm und c = 2,5 cm. **Lösungswort:** __ __ __ __ __

Y | 6 · a + 6 · b	E | 2 · a + b + c	H | 2 · a · 4	B | 2 + a + 2 + b
X | 6 · a + 5 · b	D | a + b + c	N | 2 · a + 2 · (b + c)	A | 2 · (a + b) + 2 · c

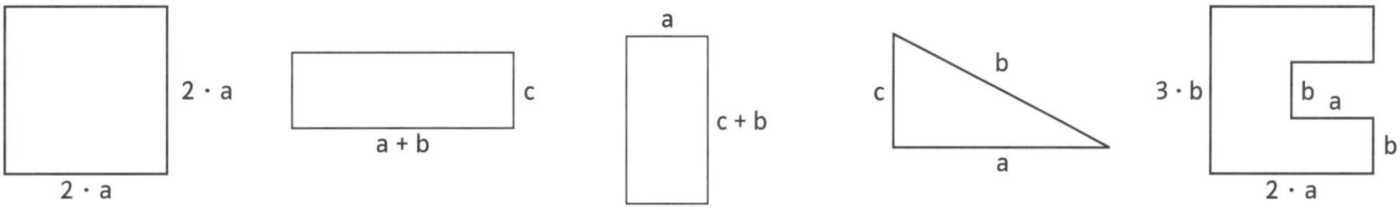

Term: ______ Wert des Terms: ______

Term: ______ Wert des Terms: ______

Term: ______ Wert des Terms: ______

Term: ______ Wert des Terms: ______

Term: ______ Wert des Terms: ______

2 Stelle jeweils einen Term für die Kosten auf.

a) Pro Fahrrad entstehen für die Herstellerfirma 85 € Materialkosten, 34 € Maschinenkosten und 105 € Personalkosten.

T(x) = ______

b) Um einen Computer zu entwickeln, hat die Firma 300 000 € Entwicklungskosten. Pro Computer kommen 300 € für Hardware, 80 € für Software und 200 € für Lohnkosten hinzu.

T(x) = ______

c) Pro Pizza zahlt der Pizzaservice 2 € für Personal, 2,50 € Nahrungsmittel und den Pizzakarton. 100 Pizzakartons kosten 15,00 €.

T(x) = ______

3 Tonia legt mit Streichhölzern Muster, indem sie Dreiecke aneinander legt.

a) Zeichne das Muster noch dreimal weiter.

b) Fülle die Tabelle aus.

Anzahl der Dreiecke	Anzahl der Streichhölzer	Term
1	3	
2	5	2 · 2 + 1
3		3 · 2 + 1
4		
5		
x		
10		

4 Setzt du in einem Term für x die in der Tabelle angegebenen Zahlen ein, erhältst du den jeweils zugeordneten Wert des Terms. Finde jeweils den Term und ergänze den Wert des Terms für x = 25.

a)

x	1	2	3	4	25
Wert	5	6	7	8	

Term: ______

b)

x	1	2	3	4	25
Wert	6	8	10	12	

Term: ______

c)

x	1	2	3	4	25
Wert	2	1	0	–1	

Term: ______

d)

x	1	2	3	4	25
Wert	4,5	5	5,5	6	

Term: ______

1 Schreibe als Term und als Term mit Variable. Fülle auch die übrigen Lücken.

Aufgabe	Term	Aufgabe	Term mit Variable
a) Vermindere 9 um 5.	9 − 5	Vermindere eine Zahl um 5.	x − 5
b) Bilde das Produkt aus 4 und −8.		Bilde das Produkt aus einer Zahl und −8.	
c) Addiere zu $\frac{1}{2}$ die 4.		Addiere zu $\frac{1}{2}$ ______.	
d) Halbiere 126 und füge 14 hinzu.		Halbiere eine ______ und ______.	
e) das Zehnfache von 13 vermindert um 5		das Zehnfache einer Zahl vermindert um 5	

2 Bilde weitere Terme. Wie du die Variablen nennst, kannst du selbst bestimmen.

a) Kai ist um 10 cm größer als Nina. ______

b) Dividiere eine Zahl durch 6. ______

c) Kaufe doppelt so viele Äpfel wie gestern. ______

d) Karl nahm Pia 3 Murmeln weg. ______

e) Der Rennfahrer beschleunigt auf die 4-fache Geschwindigkeit. ______

f) Der Inhalt der Flasche wurde auf 5 Gläser verteilt. ______

g) Multipliziere eine Zahl mit 36. ______

h) Addiere zum Doppelten einer Zahl die 3. ______

3 Die Buchstaben sind aus Strecken der Länge a und aus kürzeren der Länge b entstanden.
a) Stelle für jeden einen Term zur Berechnung der Gesamtlänge der Linien auf.

______ ______ ______ ______ a + b ______ ______

b) Wie lang wären alle Strecken zusammen, wenn du das Wort HILFE schreiben würdest?

Term: ______

4 Dominik möchte sich für seine Modelleisenbahn eine neue Lok und Waggons kaufen. Eine Lok kostet 112 €, ein Waggon 24 €. Er durchdenkt mehrere Möglichkeiten.

1 a) Gib zu jeder Figur einen Term an, mit der sich die Größe des Winkels β bzw. ε anhand der anderen Winkelgröße berechnen lässt.
b) Fülle mithilfe der Terme die Wertetabellen aus.

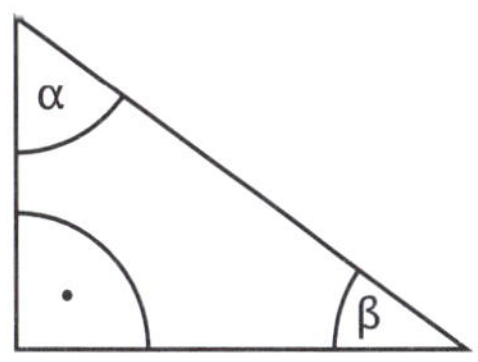

α	10°	45°	60°	85°
T(α)				

γ	20°	70°	100°	160°
T(γ)				

β = T(α) = ____________

ε = T(γ) = ____________

2 Im Internet findet Julia eine Regel, mit der man die Körpergröße vorhersagen kann, wenn man die Unterarmlänge kennt. Die Regel lautet: „Multipliziere die Unterarmlänge in cm mit 4 und ziehe 13 cm ab, dann erhältst du die Körpergröße in cm."
a) Gib für die Zuordnung Unterarmlänge u → Körpergröße k eine Rechenvorschrift an: k = T(u) = ____________

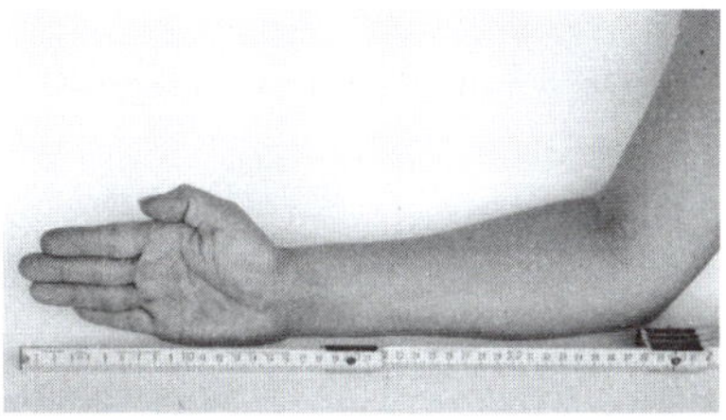

b) Fülle die Tabelle für die Unterarmlängen von 32 cm bis 44 cm in 2-cm-Schritten aus. Trage zuletzt deine Unterarmlänge ein und berechne deine Körpergröße.

Unterarmlänge in cm							
Körpergröße in cm							

c) Gilt die Regel für jeden Menschen? Begründe. ____________

3 Ergänze die Tabelle und gib an, wie sich die T(x)-Werte anhand der x-Werte berechnen lassen.

a)

x	0	1	2	3		5
T(x)	0	4	8		16	20

T(x) = ____________

b)

x	1	2		6	7	10
T(x)	0	3	8	35	48	

T(x) = ____________

c)

x	−2	1	2	3		5
T(x)	−5	1	3		7	

T(x) = ____________

d)

x	5	9	13	17		25
T(x)	1	3	5		8	

T(x) = ____________

4 $M(x) = -\frac{1}{2}x + \frac{3}{2}$ $N(x) = \frac{1}{2} \cdot x$

a) Erstelle für die Zuordnungen jeweils eine Wertetabelle für $4 \geq x \geq 0$.

x	0	0,5	1	1,5	2			
M(x)								

x								
N(x)								

b) Zeichne die Graphen der Zuordnungen.

Sie schneiden sich in Punkt S(____ | ____).

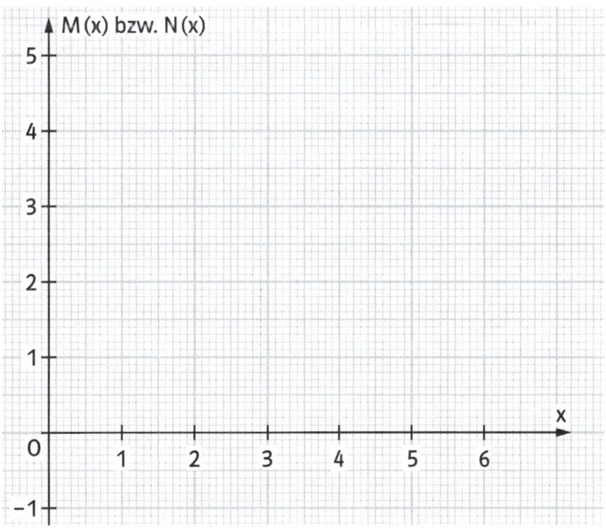

Fülle die Lücken. Für jeden Buchstaben findest du einen Strich. Schlage in deinem Buch nach, wenn du dir nicht sicher bist. Löse dann die Beispielaufgaben.

Terme mit Variablen

Terme sind Rechenausdrücke aus _ _ _ _ _ _ _ , Rechenzeichen und

manchmal enthalten sie auch _ _ _ _ _ _ _ _ _ _ .
T(a) ist ein Term, der von der Variablen a abhängt.
T(x; y) ist ein Term, der von den Variablen x und y abhängt.

■ Stelle einen Term auf für den Umfang der Figur.

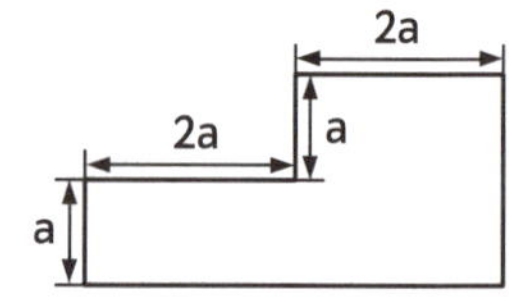

U(a) = __________ = __________

Berechnen von Termwerten

Ersetzt man alle Variablen eines Terms durch Zahlen oder Größen,

so erhält man den _ _ _ _ des _ _ _ _ _ .
Kommt eine Variable mehrmals vor, so muss sie auch durch dieselbe Zahl oder Größe ersetzt werden.
Dabei gelten die Regeln:

1. Klammer _ _ _ _ _ _
2. _ _ _ _ _ _ _ _ _ _ _ _ kommt vor Punktrechnung
3. Punktrechnung kommt vor _ _ _ _ _ _ _ _ _ _ _ _ _ _ _ .

■ $T(x) = 2x^2 - 3x$

$T(-5) =$ __________

■ $T(x; y) = -2x^2 + y^3 - y$

$T(4; 6) =$ __________

■ $T(x; y) = 5y \cdot (x - 3)^2 - 4x$

$T(5; 7) =$ __________

= __________

Aufstellen von Termen

1. Die Problemstellung wird anhand von Zahlenbeispielen untersucht.
2. Die Gesetzmäßigkeit wird erkannt.
3. Mithilfe einer oder mehrerer Variablen wird die Gesetzmäßigkeit in

einem _ _ _ _ ausgedrückt.

■ Zähle die Kreise

1 3 5 7 9

$a_1 = 1 = 1$
$a_2 = 3 = 1 \cdot 2 + 1$
$a_3 = 5 = 2 \cdot 2 + 1$
$a_4 = 7 = 3 \cdot 2 + 1$

$a_n =$ __________

Zuordnung: Variablenwert – Termwert

Setzt man in einen Term (z. B. T(x)) einen Variablenwert (hier x = 2) ein, so erhält man einen eindeutig bestimmten Termwert (hier: T(2)).
Man sagt: Dem Variablenwert 2 wird der Termwert T(2)

_ _ _ _ _ _ _ _ _ _ _ .

Eine solche Zuordnung kann man darstellen

- durch eine **Wertetabelle**
- in einem _ _ _ _ _ _ _ _ _ _ _ _ _ _ _ _ _ _ .

■ Term: T(x) = 1 − x
Variablenwert: x = 2

Termwert: T(2) = __________

■ Wertetabelle

x	−2	−1	0	1	2
T(x)					

■ Graph

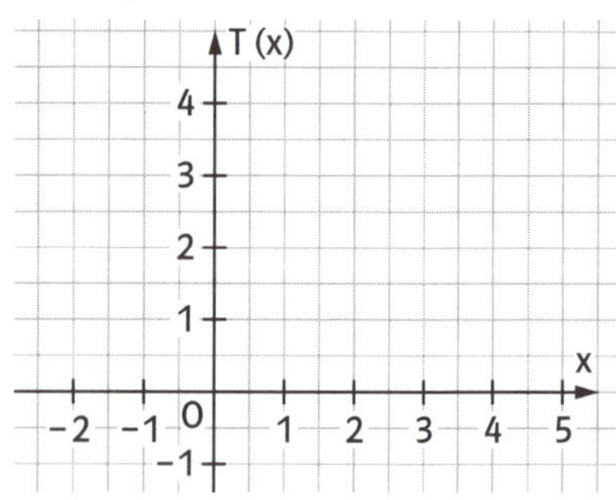

1 Konstruiere die Symmetrieachse der Punkte A(0|6) und B(12|8), die Mittelsenkrechte von C(1|8) und D(7|2) sowie die Winkelhalbierende des Winkels <ESF mit E(4|−2), S(1|2) und F(5|5). Die Schnittpunkte der drei Geraden bilden ein Dreieck. Der

Flächeninhalt dieses Dreiecks beträgt ______ cm^2.

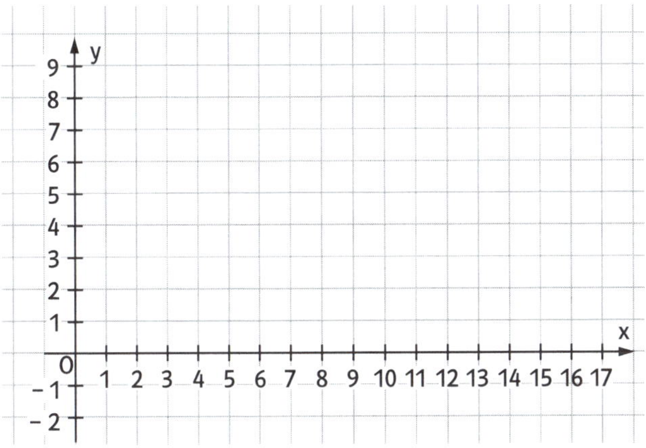

2 Überprüfe, welche Muster durch Achsenspiegelung entstanden sind. Kreuze an.

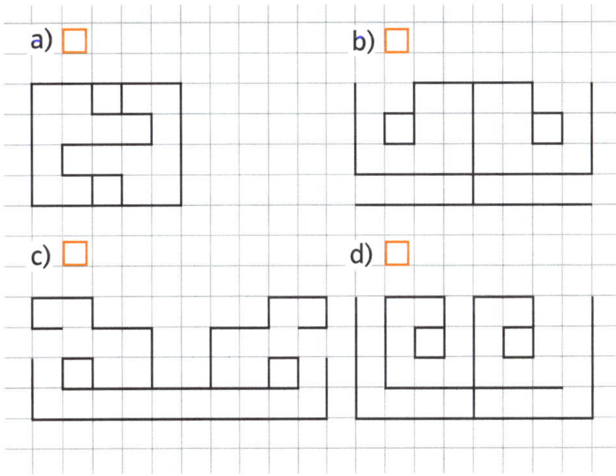

3 a) Welche Sterne sind punktsymmetrisch? Zeichne dort Z ein.

b) Setze die Reihe um zwei Sterne fort. Finde eine Regel.

____

4 Berechne alle fehlenden Winkel und trage sie ein.

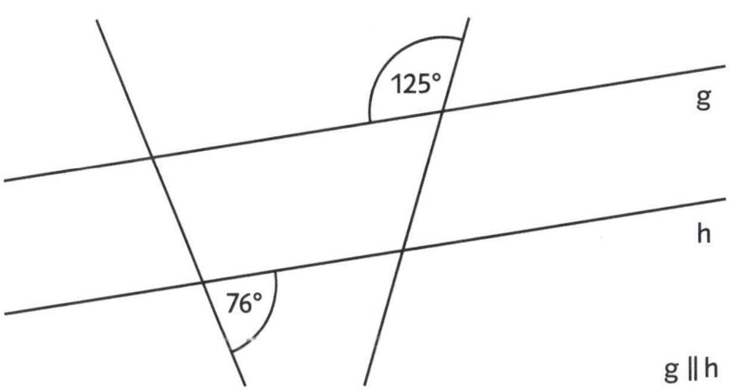

5 Bestimme die farbig markierten Winkel.

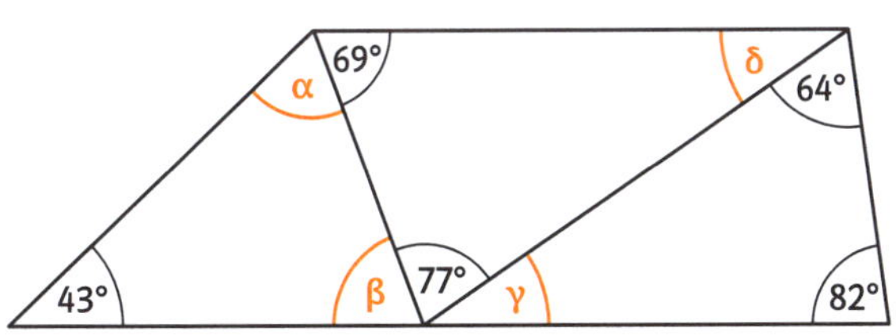

α = ____ β = ____ γ = ____ δ = ____

6 Bilde einen Term. Nenne die Variable x. Berechne dann den Wert des Terms für den gegebenen x-Wert.

Aufgabe	Term	x-Wert	Wert des Terms
a) die Hälfte einer Zahl		x = 124	
b) den Quotienten aus einer Zahl und 4,5		x = 49,5	
c) Vom Dreifachen einer Zahl wird 5 subtrahiert.		x = 3	
d) den vierten Teil einer Zahl um 3 vermehrt		x = 20	
e) Vom Produkt aus 4 und der Zahl wird 7 subtrahiert.		x = 11	
f) die Differenz aus der Zahl und 5 um 3 vermehrt		x = −1	

1 Vereinfache den Term so weit wie möglich.

a) $2r - r + 3r =$ ______

b) $2{,}04 \cdot k + 0{,}3k + 7 \cdot k - 3{,}1k =$ ______

c) $3x - x + 4x - 2x - 5x =$ ______

d) $-\frac{1}{2}a + \frac{3}{2} \cdot a - 3 \cdot a =$ ______

e) $2{,}3x - 0{,}8 + 3x =$ ______

f) $7t - t \cdot \frac{1}{2} + \frac{1}{4}t =$ ______

g) $y - \frac{2}{5} \cdot y - 0{,}2y =$ ______

h) $-\frac{1}{4}a + \frac{1}{2}a - \frac{3}{4}a + a =$ ______

2 Fülle die Lücken.

a) $7 \cdot a + 4a -$ ______ $= 9a$

b) $-3m - m +$ ______ $- 2m = -5m$

c) ______ $+ 2a - 5a = 4a$

d) ______ $- x + 12 = x + 12$

e) $24x -$ ______ $- 17x = x$

f) $2a - 4{,}5 + 3a +$ ______ $+$ ______ $= 7a - 4$

3 Addiere und fasse so weit wie möglich zusammen.

+	$4 \cdot x$	$x - 8{,}2$	$0{,}4 - \frac{2}{5}x$	$\frac{1}{2}x + 13$	$-6{,}6x + 1$	$27 - 0{,}2x$
$12x + 3$	$16x + 3$					
$x + 1$						
$7x - 3{,}01$						

4 Bearbeite die Tabelle. Verbessere die Fehler.

Term	vereinfachter Term	Wert des Terms für			
		$x = 2$	$x = -1$	$x = -3$	$x = \frac{1}{2}$
$6x + 2x - 3 + x$		15	−11	−30	1,5
$3 + x \cdot 4{,}2 - 2x$		7,6	0,8	−3,6	4,1
$-2{,}5x + 5 + 1{,}5x + \frac{1}{2}$		2,5	1,5	8,5	5
$\frac{1}{2}x + 2{,}2 - \frac{1}{4}x$		2,7	1,45	2,2	2,325
$\frac{1}{3}x - 4x - \frac{5}{6}x$		−9	4,5	13,5	−2,25
$\frac{6}{16}x + \frac{1}{4}x - \frac{1}{8}x$		1	1	−1,5	2

5 Vervollständige das magische Quadrat. Die Summen der Zeilen, Spalten und der Diagonalen müssen gleich sein.

$3a - 2$	$a + 2$	$2a$
	$2a$	

Summe: ______

6 Stelle einen Term für die Gesamtlänge der Kanten auf und vereinfache so weit wie möglich.

a)

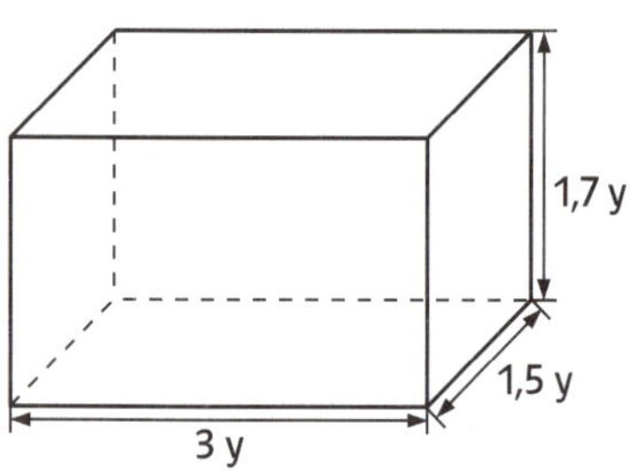

b)

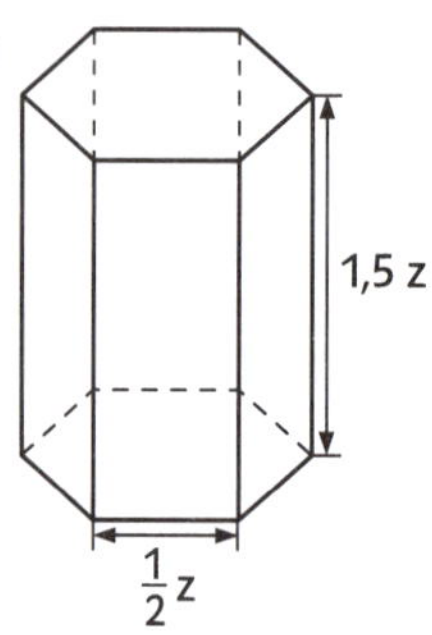

c)

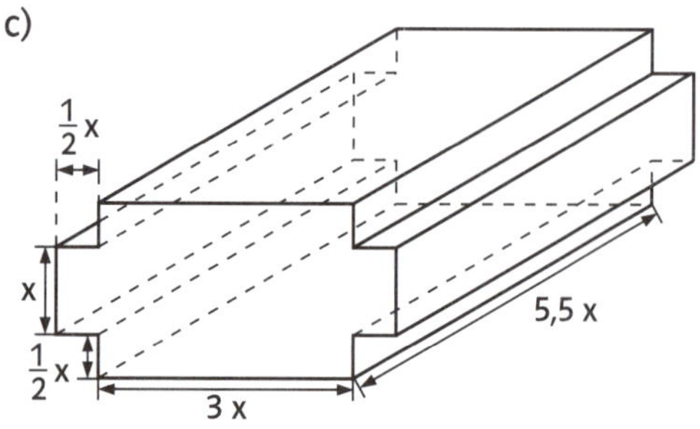

______

______

1 Vereinfache die Terme so weit wie möglich. Male pro Aufgabe ein Lösungsfeld aus.

a) $2x \cdot x : 2 =$ x^2
b) $x \cdot x \cdot y =$ ______
c) $x \cdot x \cdot y \cdot y =$ ______
d) $x \cdot y \cdot x =$ ______
e) $x \cdot x \cdot y \cdot y \cdot x =$ ______
f) $x \cdot 2y \cdot 4 \cdot x =$ ______
g) $3x \cdot 2y \cdot x =$ ______
h) $x \cdot y \cdot 2 =$ ______
i) $1 \cdot x \cdot 2y^2 =$ ______
j) $4x \cdot 2y : 8 =$ ______
k) $y \cdot x \cdot y \cdot x \cdot y \cdot x =$ ______
l) $4 \cdot y \cdot x \cdot x \cdot x \cdot y =$ ______
m) $0 \cdot x \cdot y^2 =$ ______
n) $12 \cdot y^2 : 2 \cdot x \cdot x =$ ______
o) $9x \cdot y : 3 =$ ______
p) $6x \cdot y : 2 \cdot y =$ ______
q) $2 \cdot 5 \cdot x \cdot y \cdot \frac{3}{5} =$ ______
r) $x \cdot y \cdot y \cdot 4 =$ ______
s) $12 \cdot x \cdot y : 600\,\% \cdot x =$ ______
t) $2x \cdot y \cdot 16y \cdot 25\,\% =$ ______

x	$4xy^2$	xy	$3x^2y$	$5x^2$	$2xy^2$	$8y$	$8yx$	$8x^2y$
x^2	$x + y$	x^3	x^2y	x^3y^3	x^2y^2	$3y$	$6xy$	y
x^3y^2	$2x$	y^2	x^2y	yx^3	0	$3xy^2$	$3x^2y$	$3x^3y$
$8xy^2$	$8x$	$3xy^3$	$6x^2y^2$	y^3	$3xy$	x^3y	$2x^2y$	$5xy$
$8xy$	$2xy$	x^3y^3	x^3y	$7xy$	$4x^3y^2$	yx^3	x^3y^3	$6x^2y$

2 Vereinfache die Terme so weit wie möglich.

a) $4 \cdot 4 =$ ______
b) $4 + 4 =$ ______
c) $x \cdot x \cdot x =$ ______
d) $x + x + x =$ ______
e) $xy \cdot xy \cdot xy =$ ______
f) $xy + xy + xy =$ ______
g) $2xy \cdot 2xy =$ ______
h) $2xy + 2xy =$ ______
i) $4xy \cdot 4xy =$ ______
j) $4xy + 4xy =$ ______

Aufgepasst:

m m

$m + m = 2 \cdot m = 2m$
Bsp.: $5 + 5 = 2 \cdot 5 = 10$

m^2 m
m

$m \cdot m = m^2$
Bsp.: $5 \cdot 5 = 5^2 = 25$

3 Überprüfe, ob die Terme richtig vereinfacht worden sind. Umkreise die zugehörigen Buchstaben und du erhältst ein Lösungswort. Verbessere, falls nötig.

	richtig	falsch	richtige Lösung
$4z : 200\,\% + z = 2z^2$	L	F	
$z^2 + z + z = 3z^2$	L	E	
$3z^2 + z^2 = 4z^2$	D	E	
$z^2 + \frac{12}{6}z^2 = \frac{15}{5}z^2$	E	D	
$z + z^2 + z^2 = 3z^2$	E	R	
$z^2 \cdot z = z^3$	B	R	
$z \cdot 2z : 2 = 2z^2$	M	A	
$5yz : 2{,}5 = 2yz$	L	A	
$yz \cdot yz = 2y^2z^2$	S	L	

Lösungswort: __ __ __ __ __ __ __ __ __

4 Hier ist ein Faktor verloren gegangen. Finde ihn heraus.

a) ______ $\cdot 7 = 56ab$
b) ______ $\cdot 12xy = 48x^2y$
c) $15a \cdot$ ______ $= 165a^2$
d) $3z \cdot$ ______ $= 63x^2y^2z^2$
e) $25x \cdot$ ______ $= 125xy^2$
f) ______ $: 3 = 2a^2b^3$

5 Drücke die Oberfläche des Körpers als Produkt und als Summe aus.

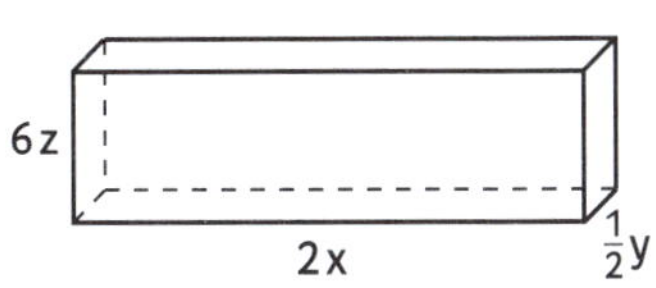

Produkt: ______

Summe: ______

6 Stelle einen Term für das Volumen des Körpers auf und vereinfache ihn so weit wie möglich.

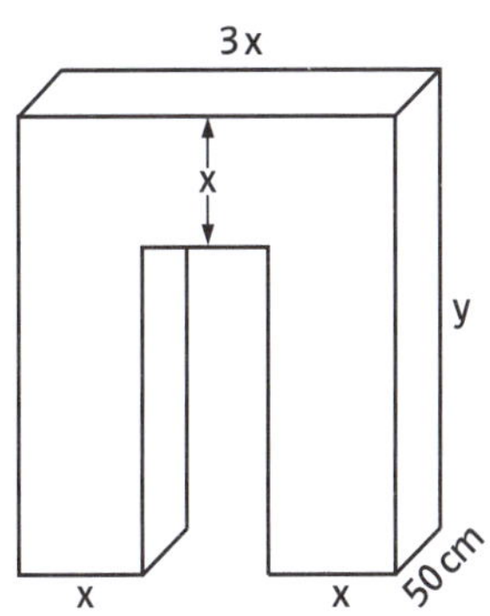

Volumen: ______

1 Sind die Terme richtig zusammengefasst? Wenn du die entsprechenden Buchstaben markierst, erhältst du rückwartsgelesen ein Lösungswort.

Zur Erinnerung:
$a = 1 \cdot a = 1a$
$-a = (-1) \cdot a = -1a$
$0 \cdot a = 0a = 0$

	richtig	falsch	richtige Lösung
$2 \cdot a - 3a - a = -2a$	T	Ö	
$19 \cdot x - 19 + b + 4b - 12 = 5b - 12$	S	N	
$0{,}8z - 0{,}2z + 0{,}9z = 1{,}5z$	E	T	
$-7z + a + 5z - 3a = -2z - 2a$	L	E	
$3p - 2p - 4 \cdot p = 9p$	R	A	
$4m + 9m + 6m - 2n = 17m$	L	V	
$17y + 17 + 17y - 17 = 17y$	L	I	
$b - \frac{3}{4}b + \frac{1}{4} = 0{,}25b + 0{,}25$	U	C	
$\left(-\frac{1}{2}\right)a + 2a - \frac{1}{2}a = a$	Q	H	
$7 + 4{,}3m - 3{,}6m + 7 = -0{,}7m + 14$	E	Ä	

Lösungswort:

_ _ _ _ _ _ _ _ _ _

2 Schreibe ohne Klammer und fasse so weit wie möglich zusammen. Die Lösungen aus Aufgabe 2 und 3 ergeben einen Lösungssatz.

a) $x + (x + y) =$ ______ b) $-x + (x - y) =$ ______

c) $x - (x - y) =$ ______ d) $-x - (x - y) =$ ______

e) $12 - (2x - 4) =$ ______ f) $\frac{1}{2}x + (-x + 3y) =$ ______

g) $(x - 2y) + (-2x - 3y) =$ ______ h) $(-3x - y) - (-2x - y) =$ ______

3 Löse die Klammern auf und fasse so weit wie möglich zusammen.

a) $6x + y - (2x - 3y) =$ ______ b) $\frac{4x}{-2} - \left(\frac{12}{2}\right) =$ ______

c) $(2^2 + 1)x - \left(\frac{1}{10} \cdot 10\,000\,\% \cdot y\right)$
= ______

d) $0{,}5^2x \cdot 2 + 2y^4 - y - (y^2 \cdot 2y^2)$
= ______

e) $3x + (12 \cdot (-y) + x) =$ ______ f) $2^3x + ((-x) \cdot 2^2 \cdot (-y)) =$ ______

g) $x \cdot (-3 \cdot y) - (2y \cdot (-3y))$
= ______

h) $x \cdot (-200\,\%) \cdot x + (5y \cdot 2x)$
= ______

i) $2 \cdot (-1{,}5x) + z - (3z - 2y)$
= ______

j) $\left(\frac{4x}{2}\right)^2 - (x + 3x^2 - xy)$
= ______

- $-2x + y$ | N
- $\frac{1}{2}x - y$ | C
- $-x$ | F
- $2x + y$ | M
- $-2x^2 + 10xy$ | U
- $-\frac{1}{2}x + 3y$ | O
- $4x - 12y$ | H
- $-3x + 2y - 2z$ | H
- $-y$ | E
- $16 - 2x$ | K
- y | I
- $-2x - 6$ | A
- $8x + 4xy$ | T
- $5x - 10y$ | U
- $-x - 5y$ | P
- $4x + 4y$ | R
- $-3xy + 6y^2$ | P
- $x^2 + xy - x$ | !

4 Ergänze den Term. Vermerke im orangen Kästchen, ob es sich bei dem Term links vom Gleichheitszeichen um eine Summe (S), eine Differenz (D), ein Produkt (P) oder einen Quotienten (Q) handelt.

a) ☐ $n + 3(m -$ ______ $) = 3m - 2n$ b) ☐ $(4x - 6y) :$ ______ $= 2x - 3y$

c) ☐ $2a + ($ ______ $b - a) = a + 3b$ d) ☐ $(4g + 12h) :$ ______ $= g + 3h$

e) ☐ $(-r + 2p) \cdot$ ______ $= -r^2 + 2pr$ f) ☐ $2(4p - 3m) + ($ ______ $- m) = 10p - 7m$

g) ☐ ______ $-2(y + z) = y - 2z$ h) ☐ $(2ab -$ ______ $) \cdot 3a = 6a^2b - 9a^3$

5 Stelle einen Term für den Oberflächeninhalt des Körpers auf und fasse ihn so weit wie möglich zusammen. ______

______

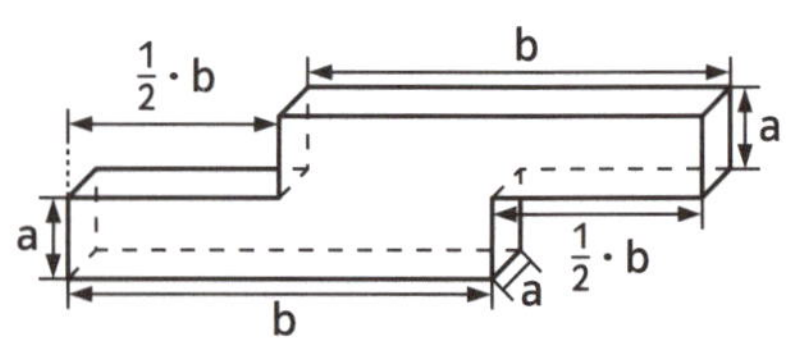

1 Multipliziere aus.

a) $5 \cdot (x + 2) =$ ______

b) $0{,}5 \cdot (2 - 2x) =$ ______

c) $-2 \cdot (3 + x) =$ ______

d) $(4x - 2{,}4) \cdot (-\frac{1}{2}) =$ ______

e) $(-x + 2) \cdot (-4) =$ ______

f) $(3y - 4{,}2) \cdot (-1) =$ ______

2 Klammere den angegebenen Faktor aus. Das Gesetz, das du hier anwendest, heißt

______ .

Faktor	Term	Ergebnis
3	$3x - 6$	$3 \cdot (x - 2)$
$\frac{1}{3}$	$\frac{1}{3} - \frac{2}{3}x$	
-2	$8 - 4x$	
-1	$-3x - \frac{1}{2}$	
$0{,}5$	$2{,}5x - 4{,}5$	
$-\frac{1}{4}$	$\frac{3}{4} - \frac{2}{4}x$	
16	$x \cdot 144 - 48$	

3 Fülle die Lücken.

Term	äquivalenter Term
$7x - 14$	___ $\cdot$ (x − ___)
$12 - 3x$	(4 − ___) $\cdot$ ___
$6a -$ ___	$2 \cdot$ (___ a − 8)
$12 - 4b$	___ $\cdot$ (b − ___)
___ $+ 1{,}5$	___ $\cdot$ (2a + 1)
$-5y - 125$	___ $\cdot$ (___ + 25)
$\frac{1}{2}x - 1{,}5$	___ $\cdot$ (x + ___)

4 Klammere einen gemeinsamen Faktor aus.

a) $8 + 12x =$ ______

b) $2 - 4x =$ ______

c) $2{,}5 - 5x =$ ______

d) $-8 + 24x =$ ______

e) $\frac{2}{3}x + \frac{1}{3} =$ ______

f) $\frac{4}{6} - \frac{1}{6}x =$ ______

5 Vereinfache den Term so weit wie möglich durch Zusammenfassen und Ausmultiplizieren. Du erhältst ein Lösungswort: ______ .

a) $3(2x - 4 + x) =$ ______

b) $(4x - 2 - x) \cdot 3 =$ ______

c) $-3 \cdot (4x - x + 2) =$ ______

d) $(-4x + x - 2) \cdot (-3) =$ ______

9x − 6 | N   −9x + 12 | D   −9x − 6 | D   9x + 12 | I   6x − 9 | M   9x − 12 | E   9x + 6 | E

6 Wandle durch Ausklammern in ein Produkt um. Kürze danach.

a) $\frac{24x + 6y}{6} =$ ______
$=$ ______

b) $\frac{-169y + 13xy}{13} =$ ______
$=$ ______

7 Die Terme in den grauen Kästchen wurden umgeformt. Färbe die weißen Kästchen rot, deren Terme durch die Anwendung des Kommutativgesetzes entstanden sind. Wenn das Assoziativgesetz benutzt wurde, färbe entsprechend grün ein.

$(2 \cdot a + 4) + 3$ | $(b \cdot 5) \cdot 2$ | $(3 + 2 \cdot a) + 4$ | $(y \cdot 0{,}5) \cdot 4$ | $3 \cdot (z \cdot 2 \cdot 4)$ | $s + (3 + 9) + s$

$(x + 5) + 3$ | $(2 \cdot b) \cdot 5$ | $3 + (2 \cdot a + 4)$ | $4 \cdot (y \cdot 0{,}5)$ | $(3 \cdot z \cdot 2) \cdot 4$ | $(s + 3) + (9 + s)$

$2 \cdot (b \cdot 5)$ | $x + (5 + 3)$ | $3 + (x + 5)$ | $(4 \cdot y) \cdot 0{,}5$ | $3 + 2 \cdot (a + 4)$ | $4 \cdot (3 \cdot z \cdot 2)$ | $(9 + s) + (s + 3)$

Anwendungen des Distributivgesetzes (2)

1 Vereinfache den Term so weit wie möglich.

a) $7 \cdot (2x + 2) + 3 \cdot (4x - 12)$

= ______

= ______

b) $9 \cdot (3b + 1) - 14 \cdot (b - 3)$

= ______

= ______

c) $7 \cdot (2r + 11) - 5 \cdot (5r - 2)$

= ______

= ______

d) $12 + 2m - [3m - 2 \cdot (2m - 1)]$

= ______

= ______

2 Fülle die Lücken in der Tabelle.

	Länge	Breite	Höhe	Kantenlänge (vereinfachter Term)
Quader 1	a	$2a$	$a + 1$	
Quader 2	a	$a - 1$	$2a + 1$	
Quader 3	5	$5 + a$	$5 - a$	
Quader 4	$2a$	$a + 1$		$16a$
Quader 5		$\frac{1}{2}a + 2$	$a - \frac{1}{4}$	$10a + 8$

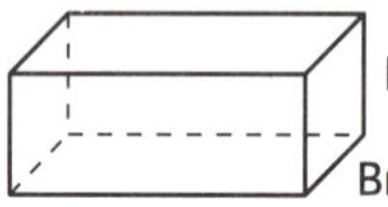

3 Petra geht einkaufen. Stelle einen Term für den Inhalt ihrer Geldbörse auf, in der sich zu Beginn 70 € befinden. Vereinfache den Term so weit wie möglich.

a) Sie gibt x € für einen Pulli aus, dann doppelt so viel für eine Hose, die Hälfte für ein T-Shirt.

Term: ______

b) Wie viel Geld hat sie noch zur Verfügung, wenn der Pulli 18 € gekostet hat? ______

4 Mathias geht auch einkaufen. Er kauft drei T-Shirts, das Stück zu x € und erhält einen Rabatt von 1 € pro Stück. Dann kauft er einen Pulli, der doppelt so viel kostet wie ursprünglich ein T-Shirt, den er aber 2 € billiger bekommt. Leider verliert er einen 5-€-Schein. Stelle einen Term auf, wie viel Geld er ausgibt.

Term: ______

Wie viel Geld benötigt er, wenn ein T-Shirt ursprünglich 6 € gekostet hat?

______

5 Peter, das Mathe-Ass, behauptet: Wenn ich drei aufeinanderfolgende ungerade Zahlen, z. B. 11, 13 und 15, addiere, so ist das Ergebnis immer eine ungerade Zahl.

a) Finde drei weitere Beispiele, um Peters Behauptung zu unterstützen.

______

b) Formuliere Peters Rechnung allgemein. Wähle dazu für die mittlere Zahl die Variable x. Dann heißt die darauf folgende ungerade Zahl ______ und die davor liegende ungerade Zahl ______. Die Summe der drei Zahlen ergibt sich als ______. Diesen Term kannst Du zusammenfassen zu ______.

1 Schreibe den Flächeninhalt als Produkt und als Summe.

a)
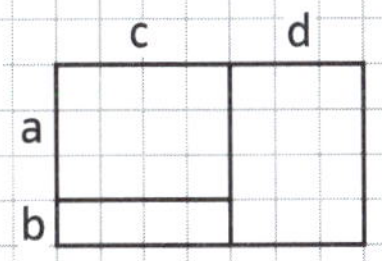

Produkt: ______

Summe: ______

b)
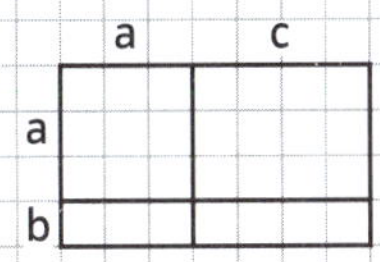

Produkt: ______

Summe: ______

c)
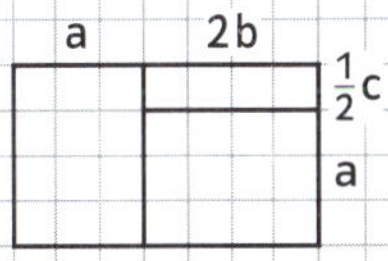

Produkt: ______

Summe: ______

2 Multipliziere die Summen.

a) $(x + 4) \cdot (y - 7)$

= ______

b) $(-2x + p) \cdot (-y + q)$

= ______

c) $(-2a - 5)(8b - 12)$

= ______

3 Wie wurde hier gerechnet? Fülle die Lücken.

a) $36a - 72ab = 36a($ ____ $-$ ____ $)$

b) $8x + 28y =$ ____ $\cdot (4x +$ ____ $)$

c) $9xy^2 - 108xy = ($ ____ $- 12x) \cdot$ ____ y

d) $3x^2 + 5x - 12 = (3x$ ____ $4)(x$ ____ $3)$

e) $4ab - 16a + 2b - 8 = (4a$ ____ $2)(b -$ ____ $)$

f) $7x^2 + 32x - 15 = (7x$ ____ ____ $)($ ____ $+ 5)$

4 Suche die Fehler und verbessere sie.

Aufgabe	zusammengefasstes Ergebnis	Verbesserung
a) $\left(\frac{2}{3}x + 8\right)\left(\frac{2}{3}x + 5\right)$	$= \frac{4}{9}x^2 + 31x + 40$	
b) $\left(\frac{5}{7}a + b\right)\left(\frac{3}{5}b + a\right)$	$= \frac{15}{35}a^2 + \frac{10}{7}ab + \frac{3}{5}b^2$	
c) $\left(\frac{3}{2}x + 0{,}5y\right)\left(\frac{2}{3}x + y\right)$	$= x^2 + \frac{11}{6}xy + \frac{1}{2}y^2$	
d) $\left(\frac{1}{2}x - 5y\right)\left(\frac{1}{3}x - y\right)$	$= \frac{1}{5}x^2 - \frac{11}{6}xy + 5y^2$	

5 Klammere aus wie im Beispiel: $(y - 3) \cdot 4 - (y - 3) \cdot 2x = (y - 3) \cdot (4 - 2x)$.

a) $(3{,}7 + y) \cdot 7 + (3{,}7 + y) \cdot 2$

= ______

b) $3 \cdot (xy - z) - (xy - z) \cdot 4z$

= ______

c) $4(x^2 + 2x) + 5y(x^2 + 2x)$

= ______

d) $3a(x^2y - 5) - (-5 + x^2y) \cdot b$

= ______

e) $(4x - 2y) \cdot x + (2x - y) \cdot y$

= ______

f) $2(ax + b) - 4b(ax + b) + 0{,}5a$

= ______

6 Multipliziere die Summe und fasse so weit wie möglich zusammen.

a) $(x + y)^2 =$ ______

b) $(x + 3y)^2 =$ ______

c) $(2x - 5y)(2x + 5y) =$ ______

d) $(x - 2y)^2 =$ ______

e) $(3x - 7y)^2 =$ ______

f) $(2x + 13y)^2 =$ ______

Fülle die Lücken. Für jeden Buchstaben findest du einen Strich. Schlage in deinem Buch nach, wenn du dir nicht sicher bist. Löse dann die Beispielaufgaben.

Äquivalente Terme

Ergeben zwei Terme beim Ersetzen der Variablen durch Zahlen immer den gleichen Wert, dann nennt man sie _ _ _ _ _ _ _ _ _ _.

■ Welche Terme sind äquivalent? ____________

$T_1(x; y) = 3(x + 2{,}5y - 5)$

$T_2(x; y) = 6x + 10y - (3x - 2{,}5y + 5)$

$T_3(x; y) = 2 + 4y - 8x$

$T_4(x; y) = 8(3 - 2y - x) - 22 + 20y$

$T_5(x; y) = 16y - 5(3x + 7) + 14$

$T_6(x; y) = 3x + 7{,}5y - 15$

Rechengesetze

Beim Umformen von Termen werden vor allem folgende drei Rechengesetze angewandt:

Das **Kommutativgesetz**: $a + b = b + a$ $a \cdot b = b \cdot a$

Das **Assoziativgesetz**: $a + (b + c) = (a + b) + c$

$a \cdot (b \cdot c) = (a \cdot b) \cdot c$

Das **Distributivgesetz** $a \cdot (b + c) = a \cdot b + a \cdot c$

■ $3{,}2 + y + 1{,}8 + 2y$

$= 3{,}2 +$ ___ $+$ ___ $+$ ___ $=$ ___

■ $2{,}4 + (3{,}6 + x)$

$= (2{,}4 +$ ___ $) +$ ___ $=$ ___

■ $4 \cdot (2{,}5 \cdot x)$

$= (4 \cdot$ ___ $) \cdot$ ___ $=$ ___

■ $4 \cdot (2{,}5 + x)$

$= 4 \cdot$ ___ $+$ ___ $\cdot$ ___ $=$ ___

Klammerregeln, Ausmultiplizieren und Ausklammern

Addition: Addiert man zu einem Term eine Summe oder eine Differenz, so darf man die Klammer und das Plus vor der Klammer einfach weglassen.

■ $3a + b + (4a - 2b)$

= ____________

Subtraktion: Subtrahiert man von einem Term eine Summe oder eine Differenz, so darf man die Klammer weglassen, wenn gleichzeitig alle Plus- und Minuszeichen in der Klammer umgekehrt werden.

■ $2{,}5x + 3y - (3x - 2{,}5y)$

= ____________

Multiplikation und Division: Beim **Ausmultiplizieren** nimmt man jedes Glied der Klammer mit dem Faktor mal.

■ $3 \cdot (2x - \frac{1}{2}y)$

= ____________

Beim _ _ _ _ _ _ _ _ _ _ _ setzt man einen gemeinsamen Faktor vor die Klammer.

■ $3b - 9$

= ___ (___ − ___)

Umformungen in Produkten

Mehrere gleiche _ _ _ _ _ _ _ können zu Potenzen zusammengefasst werden.

■ $2a \cdot b \cdot 3a \cdot 4b^2 \cdot a \cdot 3b$

= ____________

Gleichartige Terme

Produkte aus gleichen Faktoren in der gleichen _ _ _ _ _ _ können sowohl addiert als auch voneinander subtrahiert werden.

■ $2a^2 \cdot b - 3a \cdot 4b^2 + a^2 \cdot 3b$

= ____________

Multiplizieren von Summen

Multipliziert man zwei Summen miteinander, dann wird jeder Summand der ersten Summe mit jedem Summanden der zweiten Summe multipliziert. Danach werden die Produkte addiert.

$(a + b) \cdot (c + d) = a \cdot c + a \cdot d + b \cdot c + b \cdot d$

■ $(3 + x) \cdot (y + 5) = 3 \cdot$ ___ $+ 3 \cdot$ ___ $+ x \cdot$ ___ $+ x \cdot$ ___

= ____________

Lambacher Schweizer 7

Mathematik für Gymnasien

Bayern

Lösungen zum Arbeitsheft

Rechnen mit Brüchen. Rationale Zahlen, Seite 3

1

a) $\frac{1}{2}$ b) $\frac{5}{8}$ c) $3\frac{9}{10}$ d) $3\frac{4}{7}$

e) $\frac{1}{18}$ f) $\frac{7}{2} = 3\frac{1}{2}$ g) $3\frac{3}{5}$ h) $9\frac{1}{3}$

2

a) 0,75 b) 0,6 c) 0,5 d) 0,25 e) 0,16

f) 0,125 g) 0,8 h) 0,7 i) 0,55 j) 0,16

3

a) $\frac{2}{3} + \frac{1}{4} = \frac{11}{12}$ b) $\frac{12}{12} - \frac{11}{12} = \frac{1}{12}$ c) $\frac{80}{100} \cdot \frac{1}{4} = \frac{1}{5} = 20\,\%$

4

a) $\frac{4}{3} - \frac{1}{3} = 1$ b) $\frac{3}{5} \cdot \frac{1}{4} \cdot \frac{2}{3} = \frac{1}{10}$ c) $\frac{1}{4} + \frac{1}{4} + \frac{1}{6} = \frac{2}{3}$

5

a) $-\frac{1}{6}$ b) $-\frac{1}{2}$ c) $\frac{1}{2}$

d) $-\frac{3}{4}$ e) $-1\frac{1}{9}$ f) $\frac{1}{24}$

6

a) ca. $\frac{1}{16}$ b) $\frac{2}{3}$ c) ca. $\frac{1}{3}$

Rechnen mit Dezimalbrüchen, Seite 4

1

a) 13,7 b) 4,04

c) −1,29 d) 0,39

e) 3 + (−1,75) = 1,25 f) 9,9 − 3,6 = 6,3

g) −55,4 − 44,6 = −100 h) 0,5 − 5,5 = −5

2

a) 1,25 b) 10 c) 0,36 d) 0,08

e) 4,2 f) 93 g) 503 h) 304,05

3

a) 3,3 b) 26,13 : 13 = 2,01 c) 543,6 : 12 = 45,3

4

a) 37,037 · 3 = 111,111 b) 105,82 · 2,1 = 222,222

c) 52,91 · 6,3 = 333,333

5

a) 0,3 + 0,7 + 0,12 +0,82 = 1 + 0,94 = 1,94

b) 2,65 − 0,15 + 0,23 − 1,73 = 2,5 − 1,5 = 1

c) 3 · (0,48 + 0,12) = 3 · 0,6 = 1,8

d) (0,24 − 0,14) · 0,4 = 0,1 · 0,4 = 0,04

e) ((−30) · 0,3) · ((−0,125) · 8) = (−9) · (−1) = 9

f) 5,79 − (1,11 + 1,08 + 0,6) = 5,79 − 2,79 = 3

6

a) $\frac{3}{40} = 0{,}075$ b) $\frac{1}{5} = 0{,}2$ c) $\frac{18}{18} = 1$ d) $\frac{5}{5} = 1$

Figuren und Flächen, Seite 5

1

a) A = 120 cm² = 1,2 dm² U = 86 cm

b) A = 2 400 cm² = 24 dm² = 0,24 m²; U = 280 cm = 28 dm

2

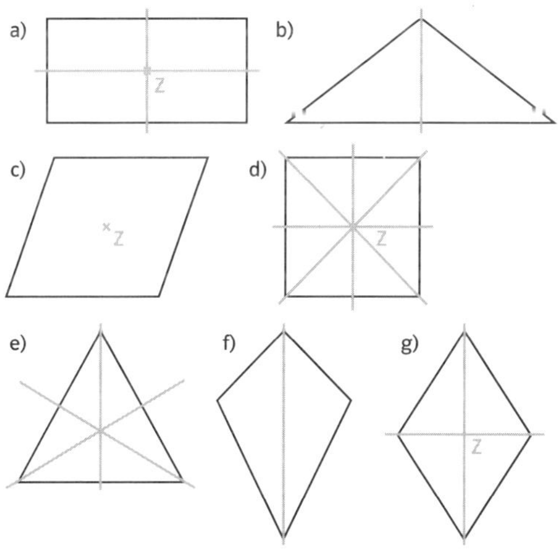

3

	a)	b)	c)	d)	e)	f)	g)
A	4,5 cm²	3 cm²	5 cm²	4 cm²	2,75 m²	3 cm²	3 cm²
U	9 cm	9 cm	9,2 cm	8 cm	7,5 cm	7,4 cm	7,2 cm

4

a) 2 m² b) 15 a c) 0,4 cm² d) 0,01 ha

5

a) 2 300 cm² b) 500 a c) 0,3 km² d) 100 mm²

e) 0,1 a f) 25 m² g) 10 000 000 000 cm²

6

Der Fuß könnte zwischen 10 und 30 m² groß sein.

Eigener Fuß: zwischen 1 dm² und 3 dm².

330-mal bis 3 000-mal so groß.

Körper und Raum, Seite 6

1

a) $3265\,dm^3 = 3{,}265\,m^3$ b) $43081\,cm^3 = 43{,}081\,dm^3$
c) $66003\,ml = 66{,}003\,l$ d) $530\,l = 5{,}3\,hl$

2

a) $500\,cm^3$ b) $42\,cm^3$ c) $0{,}03\,m^3$ d) $5{,}733\,l$

3

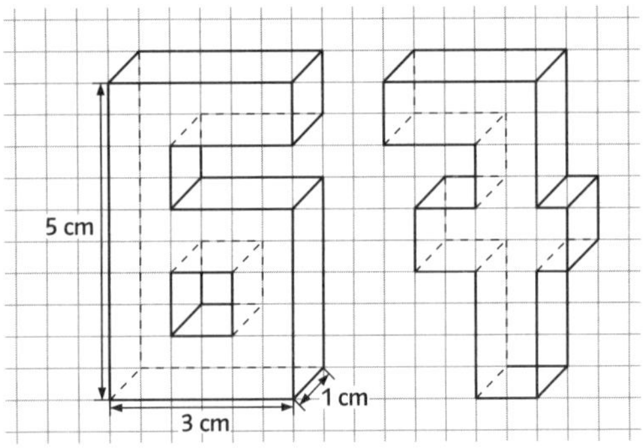

a) $5 \cdot 3 \cdot 1 - 1 - 2 = 12\,cm^3$ b) 5,4 g
c) $5 + 1 + 2 = 8\,cm^3$ d) 3,6 g

4

$O = 21\,cm^2$

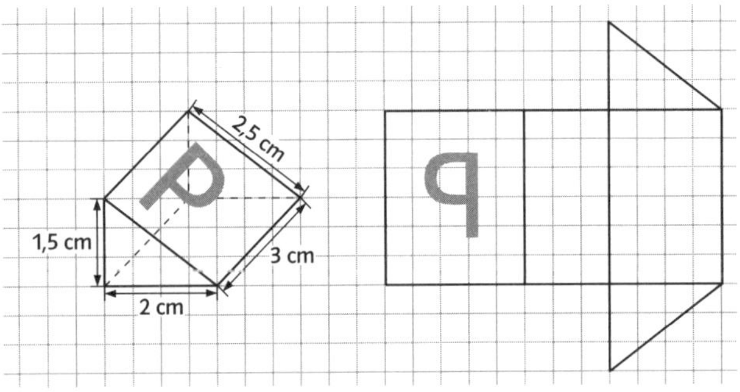

Weitere Netze sind möglich.

5

a) In einer Stunde: 6000 Liter; an einem Tag 144000 Liter = $144\,m^3$; $3\frac{1}{2}$ Tage für den Einmannballon
b) Bezugsgröße könnten die Menschen im Korb sein, d.h. 5 mm entsprechen etwa 2 m in der Wirklichkeit. Der Ballon hat dann ungefähr die Maße: $18\,m \cdot 3\,m \cdot 12\,m$. Das Volumen wäre danach ungefähr $650\,m^3$.
Hinweis: Das Volumen liegt laut Internetangaben bei $2800\,m^3$. Dies liegt daran, dass die Personengröße schwer zu schätzen ist.

Prozentrechnung, Seite 7

1

siehe Figur 1

2

a) 50 % b) $33\frac{1}{3}$ % c) 20 % d) 12,5 %
e) 75 % f) 10 % g) 1 % h) 300 %

3

$W = \frac{G}{100} \cdot p$

a) 6 g b) 2,5 cm c) 2,80 € d) 1,2 kg
e) 1 ct f) 78 m g) 72 km h) $0{,}005\,m^2$

4

a) 40 % b) 62 % c) Mädchen: 28 %; Jungen: 20 %

d) Prozentsatz = $\frac{\text{Prozentwert}}{\text{Grundwert}}$

5

a) 30 Schüler b) 39 € c) Grundwert = $\frac{\text{Prozentwert}}{\text{Prozentsatz}}$

6

Jahr	0	1	2	3	4
Guthaben	100 €	103 €	106,09 €	109,27 €	112,55 €

7

5 € sind 25 % mehr als 4 €. In der Schauburg muss man 20 % weniger bezahlen.

Diagramme. Daten auswerten, Seite 8

1

Note	1	2	3	4	5	6
Anzahl	3	6	12	6	3	0
relative Häufigkeit	$\frac{3}{30} = \frac{1}{10}$	$\frac{6}{30} = \frac{1}{5}$	$\frac{12}{30} = \frac{2}{5}$	$\frac{6}{30} = \frac{1}{5}$	$\frac{3}{30} = \frac{1}{10}$	0
in %	10 %	20 %	40 %	20 %	10 %	0 %

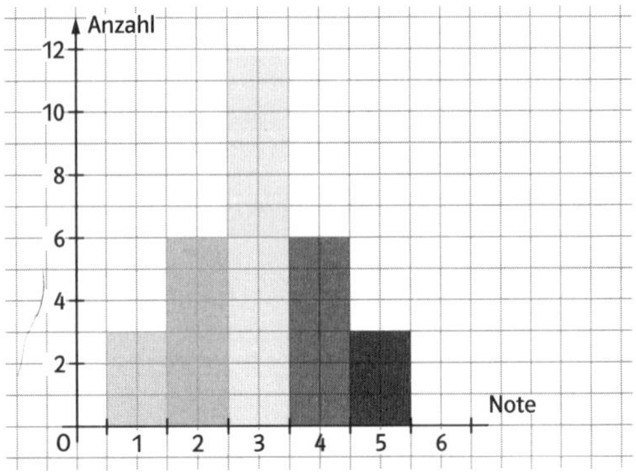

2

Note	1	2	3	4	5	6
Mittelpunktswinkel	36°	72°	144°	72°	36°	0°

	a)	b)	c)	d)	e)	f)	g)	h)
Gekürzter Bruch	$\frac{1}{4}$	$\frac{2}{5}$	$\frac{3}{20}$	$\frac{9}{20}$	$\frac{6}{5}$	$2\frac{1}{2}$	$\frac{1}{50}$	$\frac{1}{1000}$
Dezimalbruch	0,25	0,4	0,15	0,45	1,2	2,5	0,02	0,001
Prozentschreibweise	25 %	40 %	15 %	45 %	120 %	250 %	2 %	0,1 %

Fig. 1

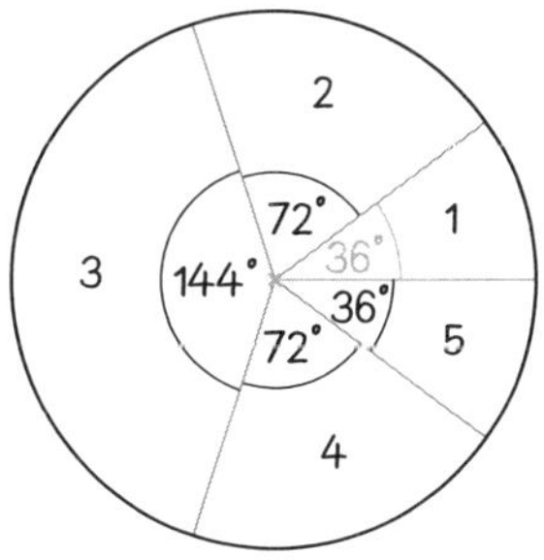

3
Die Einträge lauten in der Reihenfolge:

Vater; 6; Maren; Sylvia; $3\frac{2}{3}$; $4\frac{1}{3}$; 22; 6,60 €.

4
Mittelwert auf der Zugspitze: −4,8 °C
Mittelwert auf dem Brocken: 2,9 °C

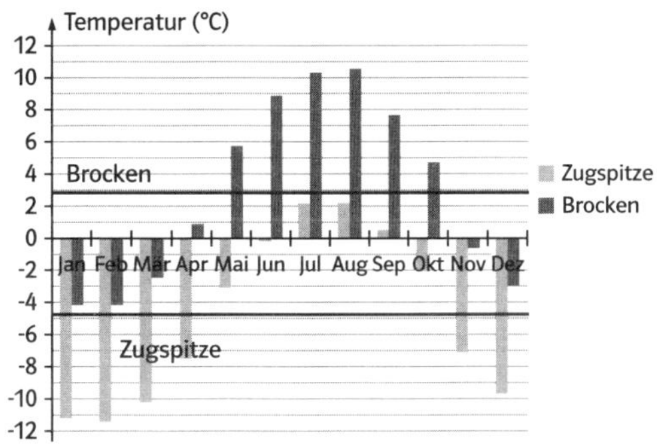

Achsensymmetrie, Seite 9

1
Die Figuren a) und c) sind achsensymmetrisch.
Die Symmetrieachse bei Figur c) muss parallel zu sich selbst um ein halbes Karo nach rechts verschoben werden.

2
a) UHU, MAOAM und EDE sind achsensymmetrisch.
b)

UHU EDE MAOAM

3
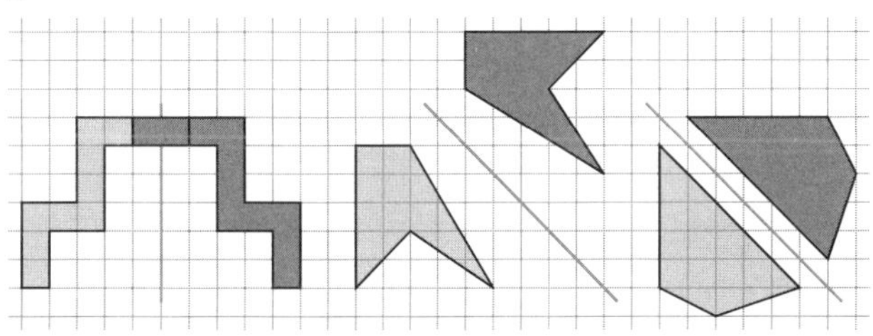

4
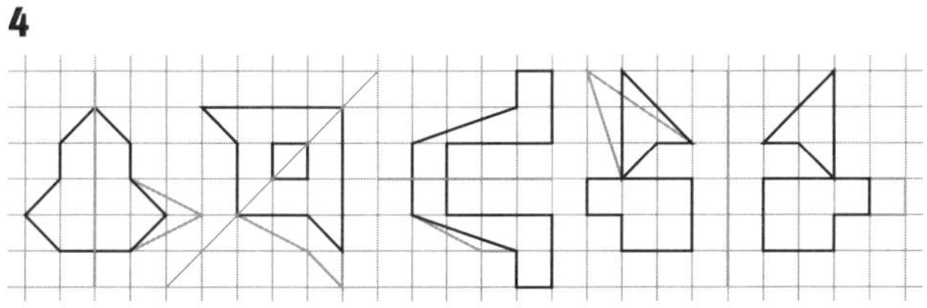

5
a)

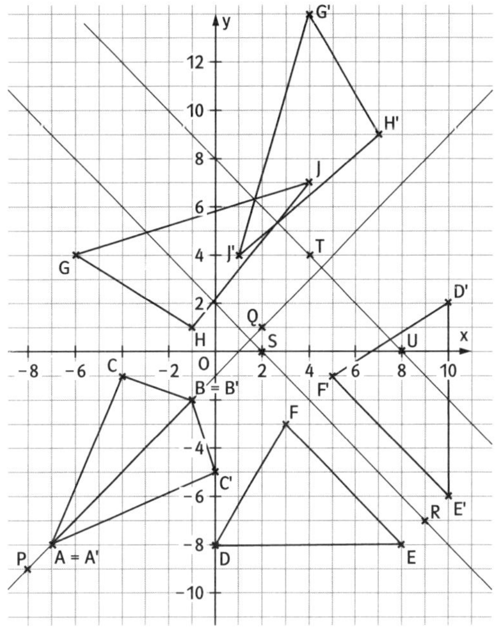

b)

	Dreieck 1	Dreieck 2	Dreieck 3
Bildpunkte	A'(−7 | −8)	D'(10 | 2)	G'(4 | 14)
	B'(−1 | −2)	E'(10 | −6)	H'(7 | 9)
	C'(0 | −5)	F'(5 | −1)	J'(1 | 4)

Konstruieren von Spiegelpunkt und Symmetrieachse, Seite 10

1
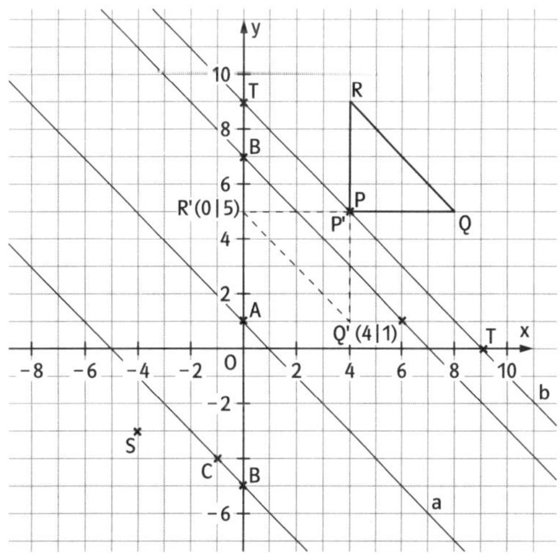

a) Der Punkt A(0 | 1) liegt auf der Symmetrieachse.
b) z. B. B(0 | −5); C(−1 | −4)
c) P'(4 | 5); Q'(4 | 1); R'(0 | 5)

2

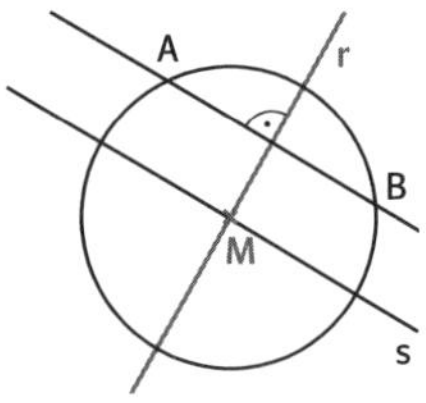

a) Damit g und die Spiegelgerade aufeinander liegen, muss die Symmetrieachse r senkrecht zu g sein.
b) Damit sich g und ihre Bildgerade nicht schneiden, muss die Symmetrieachse s parallel zu g sein.
c) Es ist nicht möglich eine solche Symmetrieachse zu finden, da der Abstand von M zu g kleiner als der Radius des Kreises ist.

3

a)

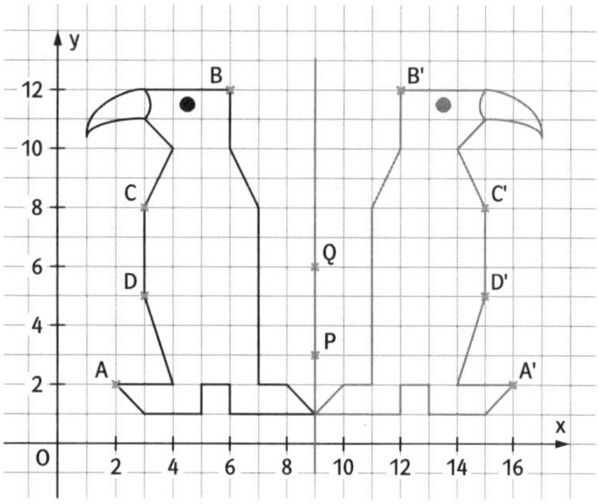

b) P(9 | 3), Q(9 | 6)
c) A'(16 | 2), B'(12 | 12), C'(15 | 8), D'(15 | 5).

4

siehe Figur 1 am Seitenende

Mittelsenkrechte, Winkelhalbierende und Lot, Seite 11

1

a)

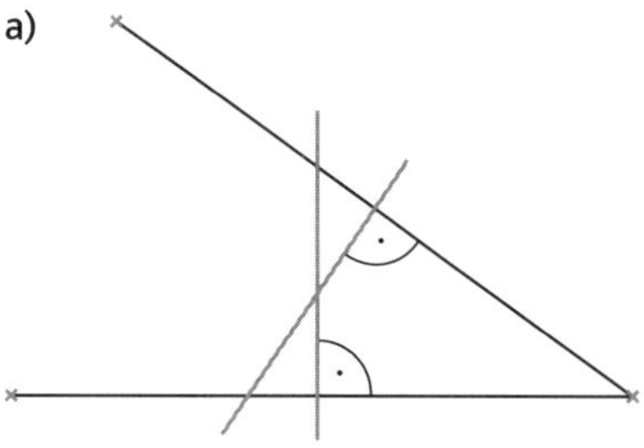

b)

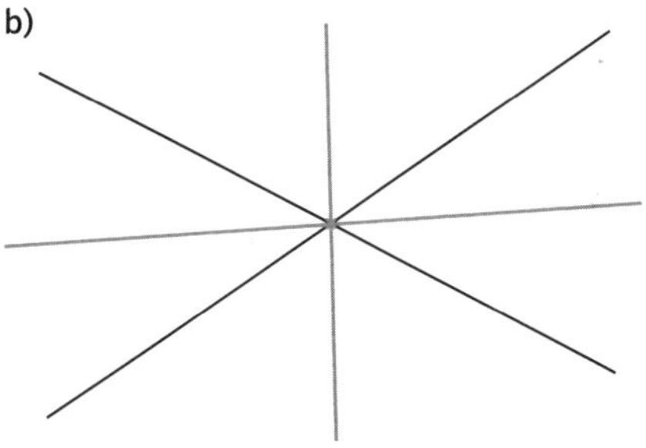

2

Die möglichen Standorte liegen auf der Mittelsenkrechten der Strecke Neustadt – Altenburg, außerhalb des Sperrgebiets.

3

S(1,5 | 2)

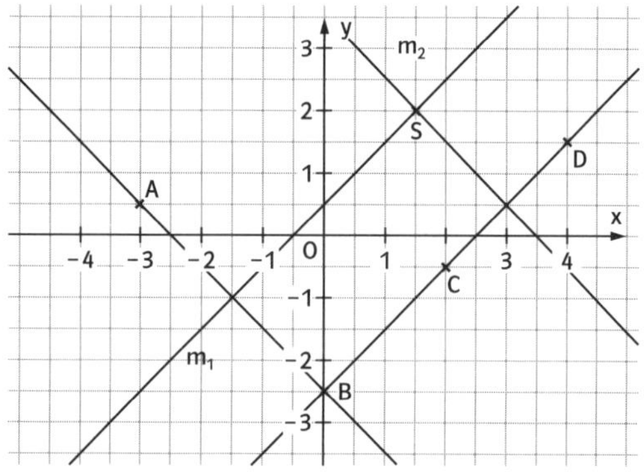

4

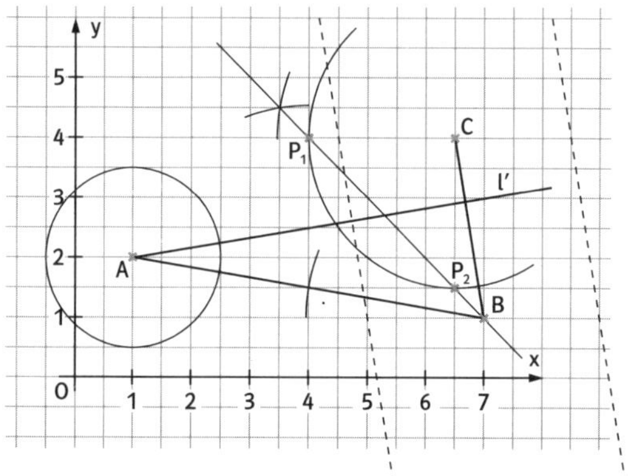

a) $P_1(4|4)$; $P_2(6{,}5|1{,}5)$
c) Es gibt keinen solchen Punkt. Die Parallelen und der entsprechende Kreis schneiden sich nicht.

5

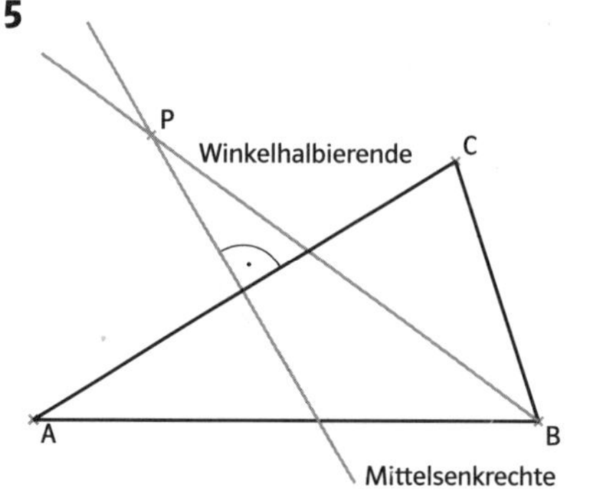

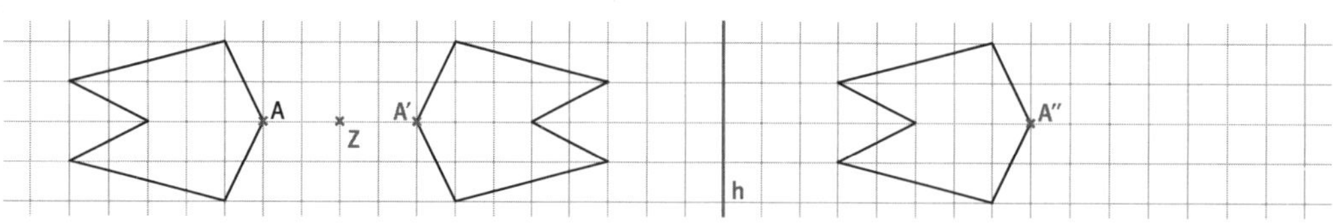

Fig. 1

Punktsymmetrie, Seite 12

1

a) Pik-Ass, Karo-Ass
b) Karo 10, Karo-Ass, Herz-König
c) Karo-Ass
d)

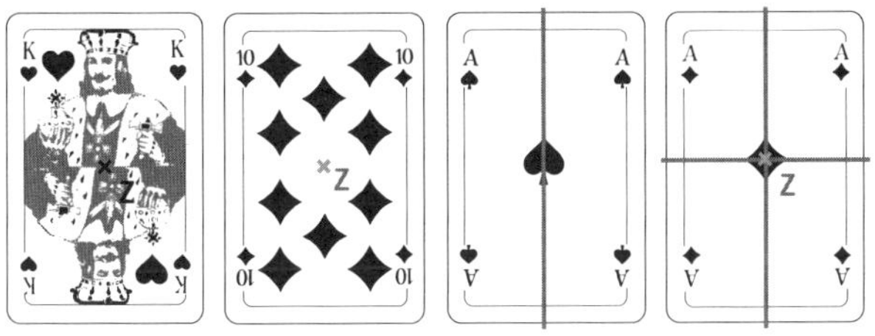

2

	a)	b)	c)	d)	e)	f)	g)	h)
achsensymmetrisch	X	X	X	X	X		X	
punktsymmetrisch		X		X	X	X	X	X

3

b) Z(8 | 5)
e) Z′(12 | 6)

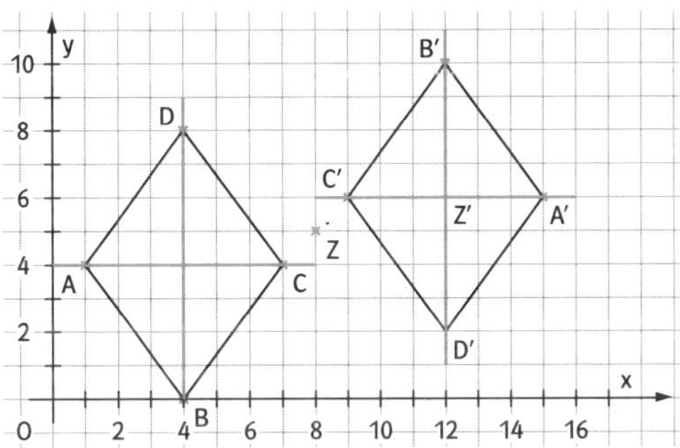

4

a) ☐ b) ☒ c) ☒ d) ☒

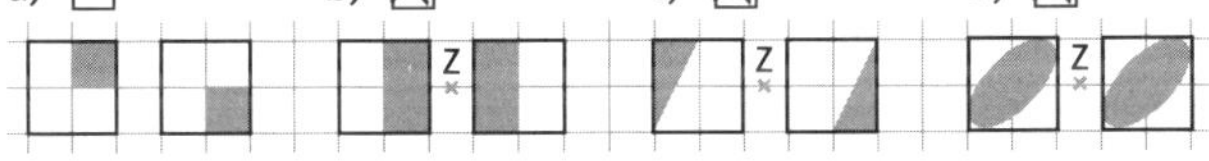

e) ☒ f) ☐ g) ☒ h) ☐

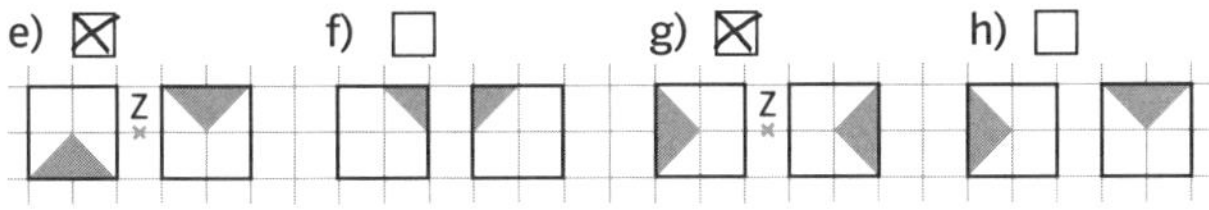

Er hat recht für b), c), d), e) und g)

Symmetrische Vierecke, Seite 13

1

a) und b)
H(−2 | 3)

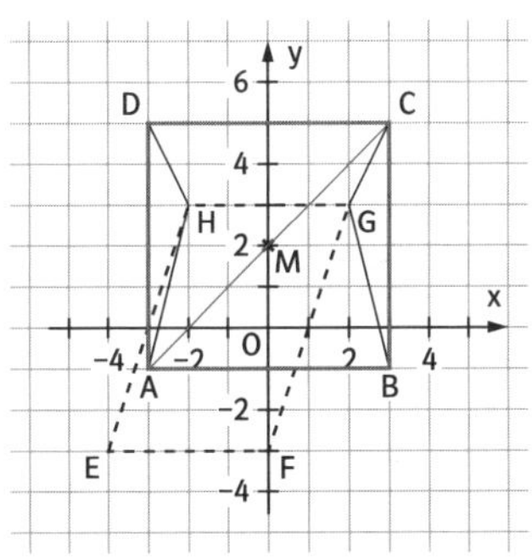

c) Es sind achsensymmetrische bzw. gleichschenklige Trapeze.
d) (allgemeines) Trapez

2

a) Quadrat b) Rechteck c) Raute d) Parallelogramm

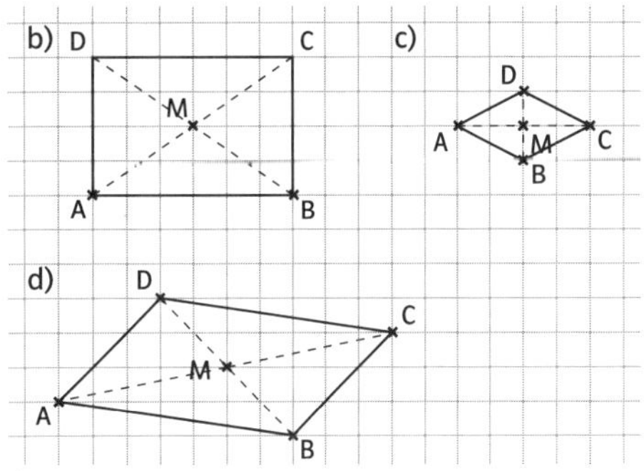

3

Das gilt jeweils für:
a) Parallelogramm
b) Drachen, symmetrisches Trapez
c) Quadrat, Raute, Rechteck, Parallelogramm
d) Quadrat, Drachen, Raute

4

a) Drachen
b) Quadrat
c) Raute

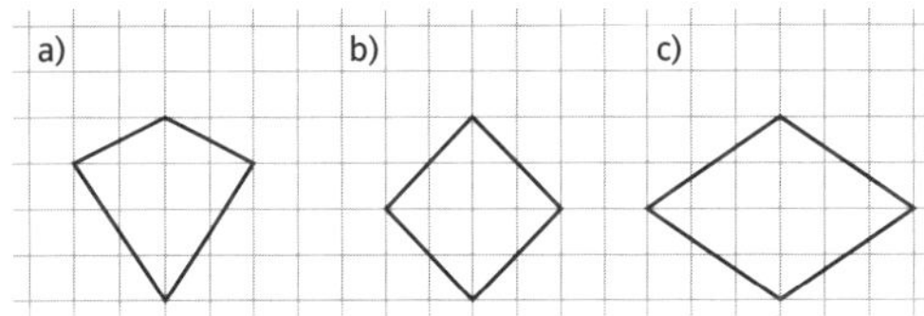

Symmetrie | Merkzettel, Seite 14

Text: gespiegelt; senkrecht; Punkten
Beispiele:

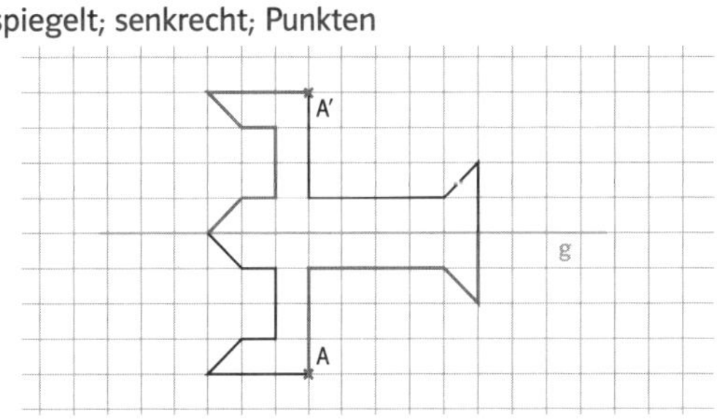

Text: drehung; punkt
Beispiele:

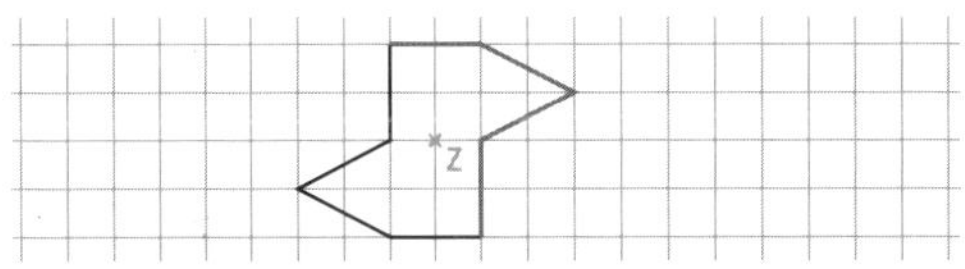

Text: Symmetrie; Winkel; Punkt
Beispiele: Mittelsenkrechte; Lot

Text: Quadrat; Raute; Trapez; Parallelogramm
Beispiele:

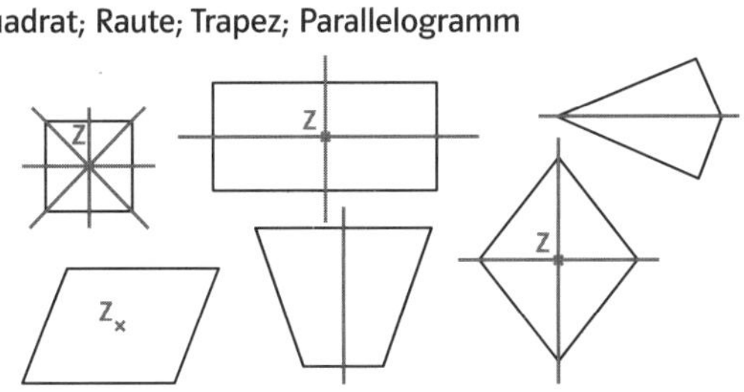

Winkel an Geradenkreuzungen, Seite 15

1

a) $\alpha = 120°$ als zu SchW
$\beta = 60°$ als zu NW und StW

b) $\alpha = 84°$ als zu WW
$\beta = 96°$ als zu NW

c) $\alpha = 45°$ als zu SchW
$\beta = 45°$ als zu StW

2

Rechnung	Lösungswinkel	Buchstabe
$(\alpha_1 - 7°) : 5 = (72° - 7°) : 5$	13°	M
$\alpha_2 : 12 - 8° = 108° : 12 - 8°$	1°	A
$(\alpha_3 - 12°) : 3 = (72° - 12°) : 3$	20°	T
$(\alpha_4 - 33°) : 10 = (113° - 33°) : 10$	8°	H
$(\alpha_5 - 4°) : 21 = (109° - 4°) : 21$	5°	E
$\alpha_6 : 2 - 20° = 42° : 2 - 20°$	1°	A
$(\alpha_7 - 10°) : 3 = (67° - 10°) : 3$	19°	S
$(\alpha_8 + 24°) : 5 = (71° + 24°) : 5$	19°	S

3

Die Geraden g und h sind bei beiden Teilaufgaben nicht parallel zueinander.

a)

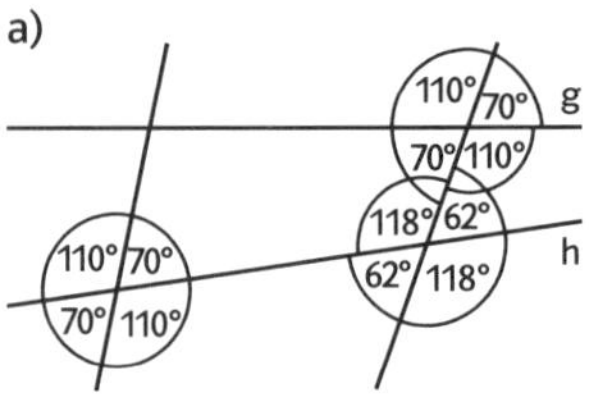

b)

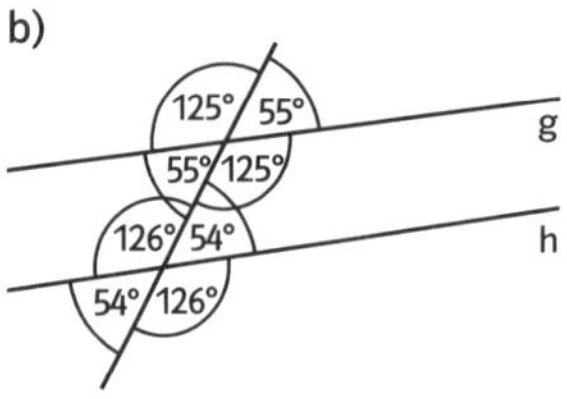

4

a) $\gamma = 80°$; $\delta = 130°$

b) $\alpha = 68{,}5°$; $\delta = 111{,}5°$

Winkelsumme im Dreieck, Seite 16

1

a) $\alpha = 55°$; $\beta = 69°$

b) $\alpha = 71°$; $\beta = 57°$

2

a) 35°
b) Nicht möglich, da kein Dreieck entsteht.
c) 26°
d) 56°
e) 45°
f) 30°

3

a)	92°	1°
b)	91°	2°
c)	90°	3°
d)	89°	4°
e)	88°	5°

Die Summe der beiden fehlenden Winkel ist 93°.

4

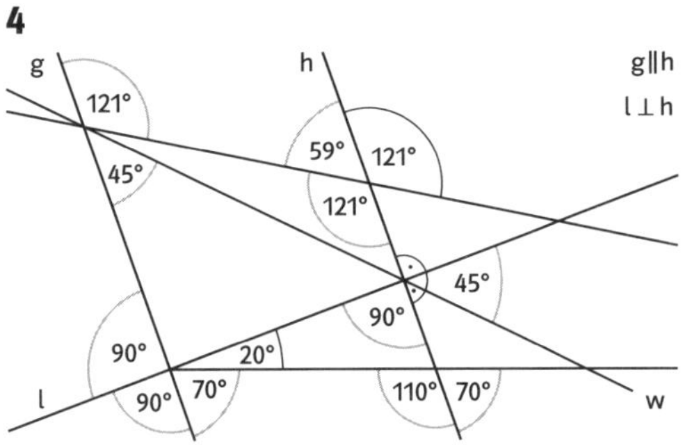

5

α_1	α_2	α_3	α_4	α_5	α_6	α_7	α_8
82°	63°	47°	35°	82°	63°	98°	37°

6

α_1	155°	α_8	55°	α_{15}	30°
α_2	25°	α_9	90°	α_{16}	60°
α_3	55°	α_{10}	90°	α_{17}	90°
α_4	60°	α_{11}	90°	α_{18}	65°
α_5	65°	α_{12}	30°	α_{19}	115°
α_6	60°	α_{13}	60°	α_{20}	115°
α_7	65°	α_{14}	90°	α_{21}	65°

Winkelsumme im Vieleck, Seite 17

1

Vieleck	Winkelsumme
Dreieck	180°
Viereck	360°
Fünfeck	540°
Sechseck	720°
n-Eck	$(n - 2) \cdot 180°$

2

a) $\beta = 140°$, $\gamma = 50°$ und $\delta = 70°$
b) $\alpha = 72°$, $\beta = 24°$, $\gamma = 120°$ und $\delta = 144°$

3

Die Aussagen b), c) und d) sind richtig.
a) Falsch. Wenn ein Viereck drei überstumpfe Winkel hätte, dann hätte es eine Winkelsumme von über 540°.
e) Ein Rechteck hat keinen spitzen Winkel.
f) Falsch. Denn dann blieben für den 5. Winkel 180°, was einer Geraden entspricht.

4

a)

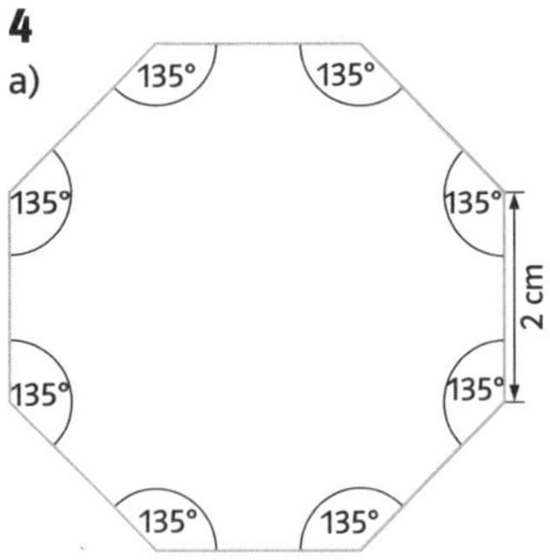

b)

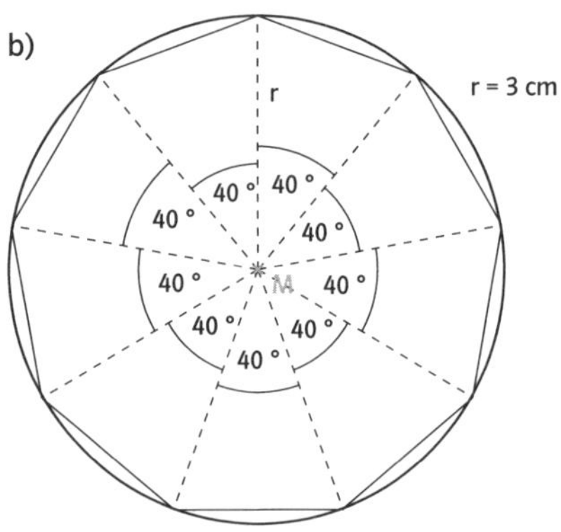

5

a) $\alpha = 89°$; $\beta = 53°$ b) $\alpha = 70°$; $\beta = 45°$; $\gamma = 35°$

c) $\gamma = 61°$; $\delta = 85°$; $\varepsilon = 34°$

Winkelbetrachtungen | Merkzettel, Seite 18

Text: Scheitel; gleich; 180

Beispiele:

Scheitelwinkel

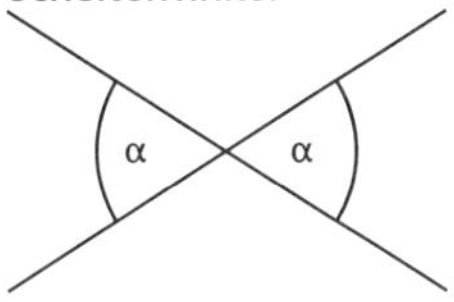

Nebenwinkel

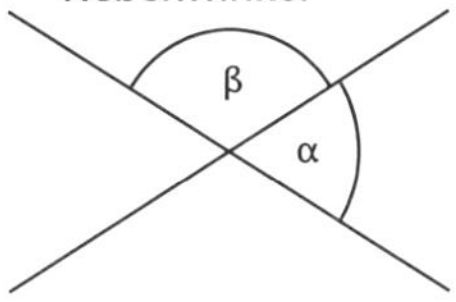

Text: Stufen; parallel

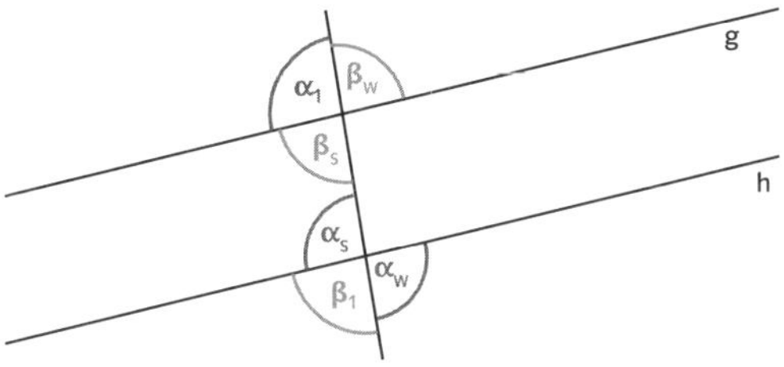

Text: 180; α

$\alpha = 24°$; $\beta = 45°$; $\gamma = 111°$

Text: alle; 90; größer

a) rechtwinklig b) spitzwinklig c) stumpfwinklig

Text: 360; 360

$\gamma = 80°$

Text: n

a) 900° b) 27-Eck

Terme mit Variablen, Seite 19

1

a) $a + a + a + a = 4 \cdot a = 4a$ b) $3b + 2c$

2

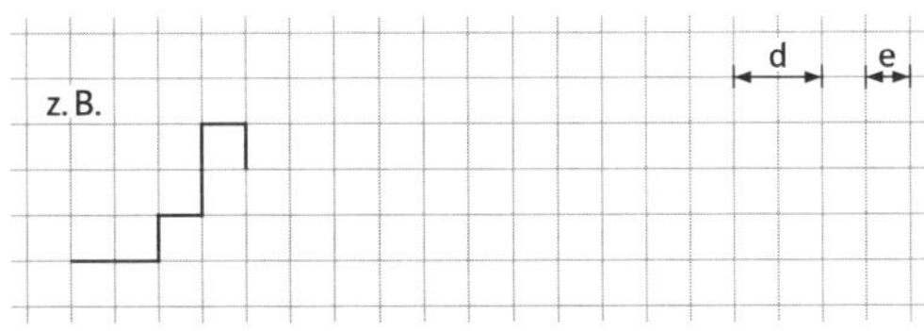

3

a) $x + 4$; x steht für das Alter des Bruders

b) $(x + 1) + \frac{1}{2} = x + 1 + \frac{1}{2} = x + 1\frac{1}{2}$; x steht für die Zahl

c) $2x - 2$; x ist der einfache Preis

d) $(x - 12) : 12$; x ist der Gewinn

e) $5 \cdot x + 2 \cdot (1{,}5 \cdot x)$; x ist die Strecke an einem Wochentag

4

a) B b) D c) A d) $(x \cdot 3 + 3) - 3$

5

Die richtigen Terme sind von oben nach unten:

$4 \cdot x - 12$; $108 - (45 + x)$; $(234 + x) : 3$; $-23 + 5x$; $4{,}5 - x : 3$; $(45 : x)^2 - 15$; $(2 \cdot x - 4) : 3$; $2{,}5 \cdot x - 7$

Wenn man von unten nach oben die zugehörigen Buchstaben aneinanderreiht, so erhält man als Lösungswort: FUSSBALL.

Berechnen von Termwerten, Seite 20

1

x	$3x - 5$	$-x + 3$	$5 - \frac{1}{2}x$	$(x + 4) \cdot 2$
2	$3 \cdot 2 - 5 = 1$	1	4	12
$\frac{1}{4}$	$\frac{3}{4} - 5 = -4\frac{1}{4}$	$2\frac{3}{4}$	$4\frac{7}{8}$	$8\frac{1}{2}$
−2	−11	5	6	4
3,6	5,8	−0,6	3,2	15,2
−12	−41	15	11	−16

2

Nacheinander wurden folgende Werte für die Variable y gewählt:

a) 1; 0,5; −1; 5 b) 4; 0; −1; 2 c) −1; 4; 0; 0,5

3

Der passende Term ist:

a) $2x - 1$ b) $4 - \frac{1}{2}x$ c) $2x^2 + 2$ d) $4(x + \frac{1}{2}) = 4x + 2$

4

a)

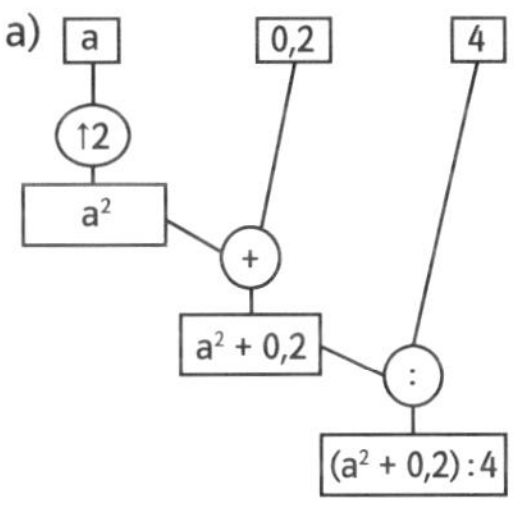

$T(a) = (a^2 + 0{,}2) : 4$

$T(4) = 4{,}05$

$T(0) = 0{,}05$

$T(\frac{1}{2}) = 0{,}1125$

$T(-3) = 2{,}3$

$T(0{,}1) = 0{,}0525$

b)

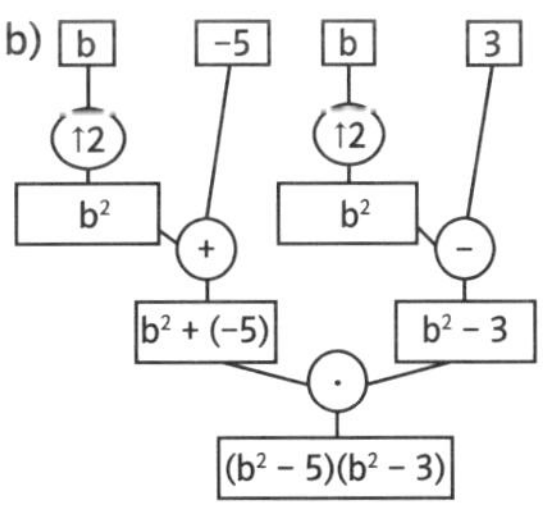

$T(b) = (b^2 + (-5)) \cdot (b^2 - 3)$

$T(1) = 8$

$T(0) = 15$

$T(\frac{1}{2}) = 13{,}0625$

$T(-3) = 24$

$T(0{,}1) = 14{,}9201$

5

a) $T(x; y) = x \cdot y$

$T(3; 2{,}5) = 3 \cdot 2{,}5 = 7{,}5$

b) $T(x; y) = x \cdot \frac{y}{2}$

$T(3; 2{,}5) = 3 \cdot \frac{2{,}5}{2} = 3 \cdot 1{,}25 = 3{,}75$

c) $T(x; y) = (x + 6) \cdot \frac{y}{2}$

$T(3; 2{,}5) = (3 + 6) \cdot \frac{2{,}5}{2}$

$= 9 \cdot 1{,}25 = 11{,}25$

Aufstellen und Interpretieren von Termen (1), Seite 21

1

a) Lösungswort: HANDY

b) $2 \cdot a \cdot 4 = 24\,cm$ $2 \cdot (a + b) + 2 \cdot c = 15\,cm$

$2 \cdot a + 2 \cdot (b + c) = 15\,cm$ $a + b + c = 7{,}5\,cm$

$6 \cdot a + 6 \cdot b = 30\,cm$

2

a) $T(x) = (85 + 34 + 105) \cdot x$

b) $T(x) = (300 + 80 + 200) \cdot x + \frac{300\,000}{x}$

c) $T(x) = (2 + 2{,}5 + 0{,}15) \cdot x$

3

a)

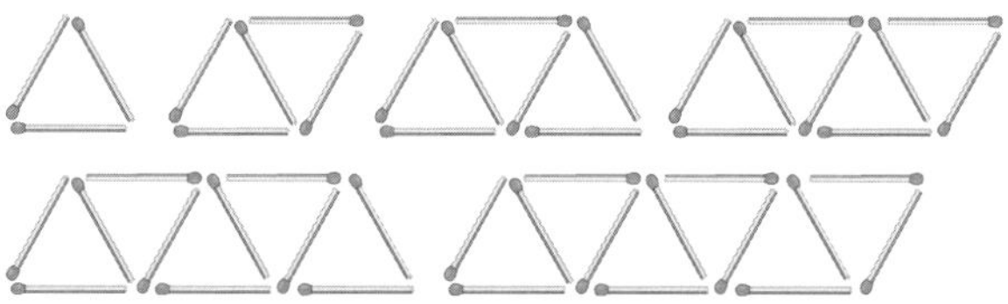

b)

Anzahl der Dreiecke	Anzahl der Streichhölzer	Term
1	3	$2 + 1$
2	5	$2 \cdot 2 + 1$
3	7	$3 \cdot 2 + 1$
4	9	$4 \cdot 2 + 1$
5	11	$5 \cdot 2 + 1$
x	$x \cdot 2 + 1$	$x \cdot 2 + 1$
10	21	$10 \cdot 2 + 1$

4

a) Term: $4 + x$; Wert in der Lücke: 29
b) Term: $2 \cdot x + 4$; Wert in der Lücke: 54
c) Term: $3 - x$; Wert in der Lücke: −22
d) Term: $4 + 0{,}5 \cdot x$; Wert in der Lücke: 16,5

Aufstellen und Interpretieren von Termen (2), Seite 22

1

b) Term $4 \cdot (-8)$; Term mit Variable $x \cdot (-8)$

c) Term $\frac{1}{2} + 4$; Aufgabe: Addiere zu $\frac{1}{2}$ eine Zahl.

Term mit Variable $\frac{1}{2} + x$

d) Term $126 : 2 + 14$; Aufgabe: Halbiere eine Zahl und füge 14 hinzu. Term mit Variable $x : 2 + 14$
e) Term $10 \cdot 13 - 5$; Term mit Variable $10 \cdot x - 5$

2

a) $x + 10$; x ist die Größe von Nina
$x - 10$; x ist die Größe von Kai
b) $a : 6$; a ist die Ausgangszahl
c) $2 \cdot y$; y ist die Anzahl der gestern gekauften Äpfel
d) $x - 3$; x ist die Anzahl von Pias Kugeln bevor Karl welche wegnimmt
e) $4 \cdot b$; b ist die Geschwindigkeit vor der Beschleunigung
f) $y : 5$; y ist der Inhalt der Flasche
g) $36 \cdot x$; x ist die Ausgangszahl
h) $2 \cdot x + 3$; x ist die Ausgangszahl

3

a) H: $2 \cdot a + b$ F: $a + 2 \cdot b$ E: $a + 3 \cdot b$
I: a L: $a + b$ K: $a + 2 \cdot b$
T: $a + b$
b) $6a + 7b$

4

1 Lok; 5 Waggons: 112 € + 5 · 24 € = 232 €
1 Lok; 2 Waggons: 112 € + 2 · 24 € = 160 €
1 Lok; 12 Waggons: 112 € + 12 · 24 € = 400 €
1 Lok; x Waggons: 112 € + x · 24 €

Zuordnung: Variablenwert – Termwert, Seite 23

1

$\beta = T(\alpha) = 180° - 90° - \alpha$
$= 90° - \alpha$

α	10°	45°	60°	85°
$T(\alpha)$	80°	45°	30°	5°

$\varepsilon = T(\gamma) = (180° - \gamma)$

γ	20°	70°	100°	160°
$T(\gamma)$	160°	110°	80°	20°

2

a) Rechenvorschrift: $k = 4 \cdot u - 13$
b)

Unterarmlänge in cm	32	34	36	38
Körpergröße in cm	115	123	131	139

Unterarmlänge in cm	40	42	44	z. B. 46
Körpergröße in cm	147	155	163	171

c) Menschen sind unterschiedlich gebaut. Deshalb ist die Rechenvorschrift je nach Typ unterschiedlich gut erfüllt.

3

a)

x	0	1	2	3	4	5
T(x)	0	4	8	12	16	20

$y = 4x$

b)

x	1	2	3	6	7	10
T(x)	0	3	8	35	48	99

$y = x^2 - 1$

c)

x	−2	1	2	3	4	5
T(x)	−5	1	3	5	7	9

$y = 2x - 1$

d)

x	5	9	13	17	19	25
T(x)	1	3	5	7	8	11

$y = \frac{1}{2}x - \frac{3}{2}$

4

a)

x	0	0,5	1	1,5	2	2,5	3	3,5	4	4,5	5
M(x)	1,5	1,25	1	0,75	0,5	0,25	0	−0,25	−0,5	−0,75	−1

x	0	0,5	1	1,5	2	2,5	3	3,5	4	4,5	5
N(x)	0	0,25	0,5	0,75	1	1,25	1,5	1,75	2	2,25	2,5

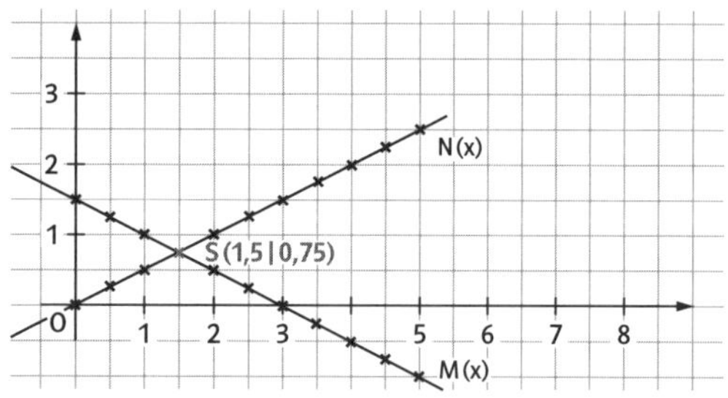

b) S(1,5 | 0,75)

Terme | Merkzettel, Seite 24

■ **Text:** Zahlen; Variablen
$U(a) = 4a + 4 \cdot 2a = 4a + 8a = 12a$

■ **Text:** Wert; Terms; zuerst; potenzieren; Strichrechnung
$T(-5) = 65$; $T(4; 6) = 178$; $T(5; 7) = 5 \cdot 7 \cdot (5 - 3)^2 - 4 \cdot 5 = 120$

■ **Text:** Term
$a_4 = 7 = 3 \cdot 2 + 1$; $a_n = (n - 1) \cdot 2 + 1$

■ **Text:** zugeordnet; Koordinatensystem

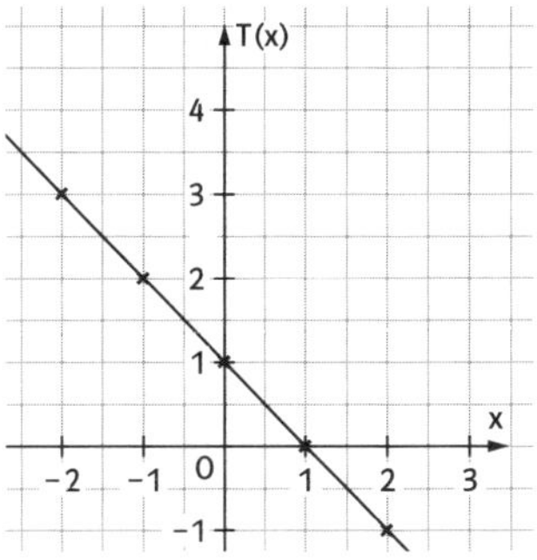

$T(2) = -1$

x	−2	−1	0	1	2
T(x)	3	2	1	0	−1

Üben und Wiederholen | Training 1, Seite 25

1

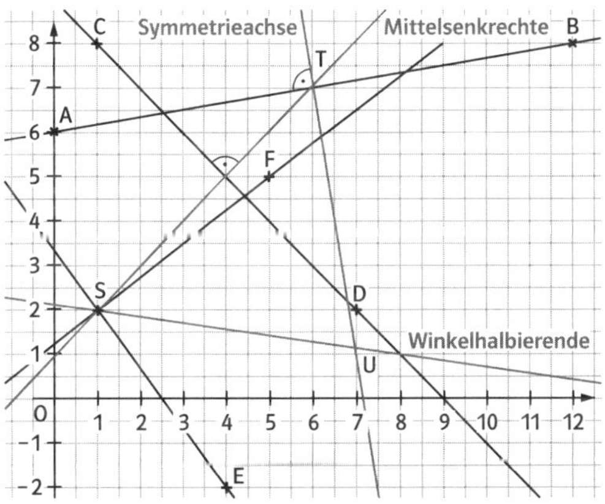

Flächeninhalt vom Dreieck STU ≈ $6\,cm \cdot \frac{1}{2} \cdot 5{,}5\,cm = 16{,}5\,cm^2$

2
Die Muster b) und c) sind durch Achsenspiegelung entstanden.

3
a) Der Stern mit vier Zacken ist punktsymmetrisch. Der Punkt Z ist der Mittelpunkt.
b)

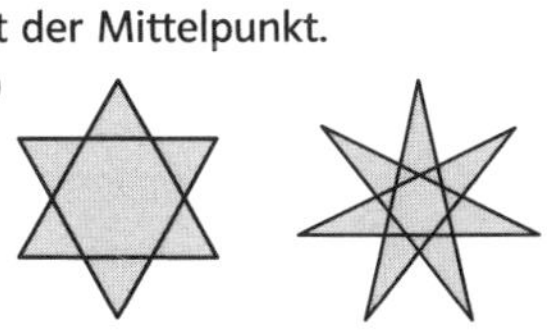

Regel: Alle Sterne mit einer geraden Anzahl von Zacken sind punktsymmetrisch am Mittelpunkt.

4

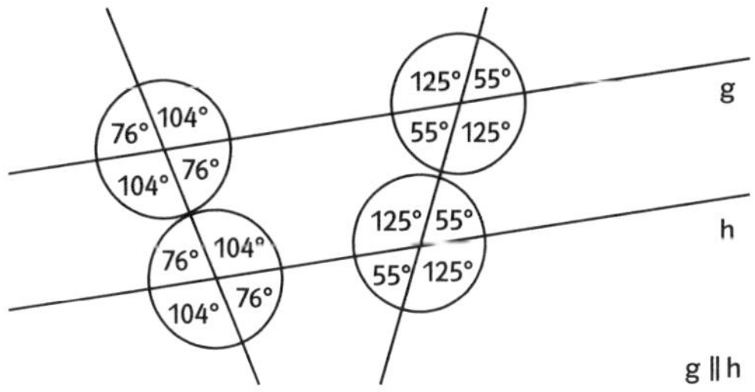

5
$\alpha = 68°$; $\beta = 69°$; $\gamma = 34°$; $\delta = 34°$

6

a) $\frac{x}{2}$	62	b) x : 4,5	11
c) 3x − 5	4	d) $\frac{x}{4} + 3$	8
e) 4x − 7	37	f) (x − 5) + 3	−3

Gleichwertige Terme, Seite 26

1

a) 4r	b) 6,24k	c) −x	d) −2a
e) 5,3x − 0,8	f) 6,75t	g) 0,4y	h) $\frac{1}{2}a$

2

a) 2a	b) m	c) 7a
d) 2x	e) 6x	f) 2a + 0,5

3

+	4 · x	x − 8,2	$0{,}4 - \frac{2}{5}x$
12x + 3	16x + 3	13x − 5,2	11,6x + 3,4
x + 1	5x + 1	2x − 7,2	0,6x + 1,4
7x − 3,01	11x − 3,01	8x − 11,21	6,6x − 2,61

+	$\frac{1}{2}x + 13$	−6,6x + 1	27 − 0,2x
12x + 3	12,5x + 16	5,4x + 4	11,8x + 30
x + 1	1,5x + 14	−5,6x + 2	0,8x + 28
7x − 3,01	7,5x + 9,99	0,4x − 2,01	6,8x + 23,99

4

Term	vereinfachter Term	Wert des Terms für			
		x = 2	x = −1	x = −3	$x = \frac{1}{2}$
6x + 2x − 3 + x	9x − 3	15	−12	−30	1,5
3 + x · 4,2 − 2x	2,2x + 3	7,4	0,8	−3,6	4,1
$-2{,}5x + 5 + 1{,}5x + \frac{1}{2}$	−x + 5,5	3,5	6,5	8,5	5
$\frac{1}{2}x + 2{,}2 - \frac{1}{4}x$	0,25x + 2,2	2,7	1,95	1,45	2,325
$\frac{1}{3}x - 4x - \frac{5}{6}x$	−4,5x	−9	4,5	13,5	−2,25
$\frac{6}{16}x + \frac{1}{4}x - \frac{1}{8}x$	0,5x	1	−0,5	−1,5	0,25

5

3a − 2	a + 2	2a
a + 2	2a	3a − 2
2a	3a − 2	a + 2

Summe: 6a

6

a) $4 \cdot 3y + 4 \cdot 1{,}5y + 4 \cdot 1{,}7y = 12y + 6y + 6{,}8y = 24{,}8y$

b) $12 \cdot 0{,}5z + 6 \cdot 1{,}5z = 6z + 9z = 15z$

c) $4 \cdot 3x + 2 \cdot 8 \cdot 0{,}5x + 4x + 12 \cdot 5{,}5x = 12x + 8x + 4x + 66x$
$= 90x$

Umformungen in Produkten, Seite 27

1

a) x^2	b) x^2y	c) x^2y^2	d) x^2y	e) x^3y^2
f) $8x^2y$	g) $6x^2y$	h) $2xy$	i) $2xy^2$	j) xy
k) x^3y^3	l) $4x^3y^2$	m) 0	n) $6x^2y^2$	o) $3xy$
p) $3xy^2$	q) $6xy$	r) $4xy^2$	s) $2x^2y$	t) $8xy^2$

2

a) $4^2 = 16$	b) $2 \cdot 4 = 8$	c) x^3	d) $3x$	e) x^3y^3
f) $3xy$	g) $4x^2y^2$	h) $4xy$	i) $16x^2y^2$	j) $8xy$

3

	richtig	falsch	richtige Lösung
$4z : 2 + z = 2z^2$	L	(F)	$4z : 2 + z = 3z$
$z^2 + z + z = 3z^2$	L	(E)	$z^2 + z + z = z^2 + 2z$
$3z^2 + z^2 = 4z^2$	(D)	E	
$z^2 + \frac{12}{6}z^2 = \frac{15}{5}z^2$	(E)	D	
$z + z^2 + z^2 = 3z^2$	E	(R)	$z + z^2 + z^2 = z + 2z^2$
$z^2 \cdot z = z^3$	(B)	R	
$z \cdot 2z : 2 = 2z^2$	M	(A)	$z \cdot 2z : 2 = z^2$
$5yz : 2{,}5 = 2yz$	(L)	A	
$yz \cdot yz = 2y^2z^2$	S	(L)	$yz \cdot yz = y^2z^2$

Das Lösungswort lautet: FEDERBALL

4

a) $8ab$	b) $4x$	c) $11a$
d) $21x^2y^2z$	e) $5y^2$	f) $6a^2b^3$

5

Produkt: $2 \cdot (2x \cdot \frac{1}{2}y + \frac{1}{2}y \cdot 6z + 2x \cdot 6z)$
Summe: $2xy + 24xz + 6yz$

6

V (Körper): $50\,\text{cm} \cdot (2xy + x^2) = 100\,\text{cm} \cdot xy + 50\,\text{cm} \cdot x^2$

Umformungen in Summen, Seite 28

1

	richtig	falsch	richtige Lösung
$2 \cdot a - 3a - a = -2a$	(T)	Ö	
$19 \cdot x - 19 + b + 4b - 12$ $= 5b - 12$	S	(N)	$19x + 5b - 31$
$0{,}8z - 0{,}2z + 0{,}9z = 1{,}5z$	(E)	T	
$-7z + a + 5z - 3a = -2z - 2a$	(L)	E	
$3p - 2p - 4 \cdot p = 9p$	R	(A)	$-3p$
$4m + 9m + 6m - 2n = 17m$	L	(V)	$19m - 2n$
$17y + 17 + 17y - 17 = 17y$	L	(I)	$34y$
$b - \frac{3}{4}b + \frac{1}{4} = 0{,}25b + 0{,}25$	(U)	C	
$\left(-\frac{1}{2}\right)a + 2a - \frac{1}{2}a = a$	(Q)	H	
$7 + 4{,}3m - 3{,}6m + 7$ $= -0{,}7m + 14$	E	(Ä)	$0{,}7m + 14$

Von unten nach oben gelesen lautet das Lösungswort: ÄQUIVALENT.

2

a) $2x + y$	b) $-y$	c) y	d) $-2x + y$
e) $-2x + 16$	f) $-\frac{1}{2}x + 3y$	g) $-x - 5y$	h) $-x$

Der Lösungssatz lautet: MEIN KOPF …

3

a) $4x + 4y$	b) $-2x \cdot 6$	c) $5x - 10y$	d) $\frac{1}{2}x - y$
e) $4x - 12y$	f) $8x + 4xy$	g) $-3xy + 6y^2$	h) $-2x^2 + 10xy$
i) $-3x + 2y - 2z$		j) $x^2 + xy - x$	

Fortsetzung des Lösungssatzes: … RAUCHT, PUH!

4

a) n; Summe	b) 2; Quotient	c) 3; Summe
d) 4; Quotient	e) r; Produkt	f) 2p; Summe
g) 3y; Differenz	h) $3a^2$; Produkt	

5

$O = 2 \cdot \left(\frac{1}{2}b \cdot a + \frac{1}{2}b \cdot a + \frac{1}{2}b \cdot 2a\right) + 4a^2 + 2 \cdot a \cdot b + 2 \cdot \frac{1}{2} \cdot a \cdot b$

$= 4 \cdot a \cdot b + 4a^2 + 2 \cdot a \cdot b + a \cdot b = 7 \cdot a \cdot b + 4a^2$

Anwendungen des Distributivgesetzes (1), Seite 29

1

a) $5x + 10$	b) $-x + 1$	c) $-2x - 6$	d) $-2x + 1{,}2$
e) $4x - 8$	f) $-3y + 4{,}2$		

2

Angewandtes Gesetz: Distributivgesetz

Faktor	Term	Ergebnis
3	$3x - 6$	$3 \cdot (x - 2)$
$\frac{1}{3}$	$\frac{1}{3} - \frac{2}{3}x$	$\frac{1}{3} \cdot (1 - 2x)$
-2	$8 - 4x$	$-2 \cdot (-4 + 2x)$
-1	$-3x - \frac{1}{2}$	$-1 \cdot (3x + \frac{1}{2})$
0,5	$2{,}5x - 4{,}5$	$0{,}5 \cdot (5x - 9)$
$-\frac{1}{4}$	$\frac{3}{4} - \frac{2}{4}x$	$-\frac{1}{4} \cdot (-3 + 2x)$
16	$x \cdot 144 - 48$	$16 \cdot (9x - 3)$

3

Term	äquivalenter Term
$7x - 14$	$7 \cdot (x - 2)$
$12 - 3x$	$(4 - x) \cdot 3$
$6a - 16$	$2 \cdot (3a - 8)$
$12 - 4b$	$-4 \cdot (b - 3)$
$3a + 1{,}5$	$1{,}5 \cdot (2a + 1)$
$-5y - 125$	$-5 \cdot (y + 25)$
$\frac{1}{2}x - 1{,}5$	$\frac{1}{2} \cdot (x + (-3))$

4

a) $4 \cdot (2 + 3x)$	b) $2 \cdot (1 - 2x)$	c) $2{,}5 \cdot (1 - 2x)$
d) $-8 \cdot (1 - 3x)$	e) $\frac{1}{3} \cdot (2x + 1)$	f) $\frac{1}{6} \cdot (4 - x)$

5

Lösungswort: ENDE

a) $9x - 12$ (E)	b) $9x - 6$ (N)
c) $-9x - 6$ (D)	d) $9x + 6$ (E)

6

a) $\frac{6 \cdot (4x + y)}{6} = 4x + y$ b) $\frac{13 \cdot (-13y) + xy}{13} = -13y + xy$

7

- $(2 \cdot a + 4) + 3$ – rot
- $(b \cdot 5) \cdot 2$ – grün und rot
- $(3 + 2 \cdot a) + 4$ – grün
- $(y \cdot 0{,}5) \cdot 4$ – rot
- $3 \cdot (z \cdot 2 \cdot 4)$ – grün
- $s + (3 + 9) + s$ – grün
- $2 \cdot (b \cdot 5)$ – grün
- $x + (5 + 3)$ – grün
- $3 + (x + 5)$ – rot
- $(4 \cdot y) \cdot 0{,}5$ – grün
- $3 + 2 \cdot (a + 4)$ – falsche Umformung
- $4 \cdot (3 \cdot z \cdot 2)$ – rot
- $(9 + s) + (s + 3)$ – rot

Anwendungen des Distributivgesetzes (2), Seite 30

1

a) $14x + 14 + 12x - 36 = 26x - 22$
b) $27b + 9 - 14b + 42 = 13b + 51$
c) $14r + 77 - 25r + 10 = -11r + 87$
d) $12 + 2m - 3m + 4m - 2 = 3m + 10$

2

	Länge	Breite	Höhe	Kantenlänge (vereinfachter Term)
Quader 1	a	$2a$	$a + 1$	$16a + 4$
Quader 2	a	$a - 1$	$2a + 1$	$16a$
Quader 3	5	$5 + a$	$5 - a$	60
Quader 4	$2a$	$a + 1$	$a - 1$	$16a$
Quader 5	$a + \frac{1}{4}$	$\frac{1}{2}a + 2$	$a - \frac{1}{4}$	$10a + 8$

3

a) Term: $70 - x - 2x - 0{,}5x = 70 - 3{,}5x$
b) $70\,€ - 3{,}5 \cdot 18\,€ = 7\,€$

4

Term: $3 \cdot (x - 1) + 2x - 2 + 5 = 5x$
Benötigter Betrag: 30 €

5

a) $5 + 7 + 9 = 21$; $1 + 3 + 5 = 9$; $21 + 23 + 25 = 69$
b) Die drei Zahlen heißen $x + 2$; x und $x - 2$.
$x - 2 + x + x + 2 = 3 \cdot x$

Multiplizieren von Summen, Seite 31

1

a) Produkt: $(a + b) \cdot (c + d)$; Summe: $ac + ad + bc + bd$
b) Produkt: $(a + b) \cdot (a + c)$; Summe: $a^2 + ac + ab + bc$
c) Produkt: $(a + 2b) \cdot (a + \frac{1}{2}c)$; Summe: $a^2 + \frac{1}{2}ac + bc + 2ab$

2

a) $xy - 7x + 4y - 28$ b) $2xy - py - 2qx + pq$
c) $-16ab - 40b + 24a + 60$

3

Die rechte Seite wird jeweils so umgeformt:
a) $36a \cdot (1 - 2b)$ b) $2 \cdot (4x + 14y)$
b) $(xy - 12x) \cdot 9y$ d) $(3x - 4) \cdot (x + 3)$
e) $(4a + 2) \cdot (b - 4)$ f) $(7x - 3) \cdot (x + 5)$

4

a) Statt $31x$ steht $\frac{26}{3}x$.
b) Statt $\frac{15}{35}a^2$ steht $\frac{5}{7}a^2$.
c) Dieses Ergebnis ist richtig.
d) Richtig ist: $\frac{1}{6}x^2 - \frac{13}{6}xy + 5y^2$

5

a) $(3{,}7 + y) \cdot (7 + 2) = 9 \cdot (3{,}7 + y)$ b) $(xy - z) \cdot (3 - 4z)$
c) $(x^2 + 2x) \cdot (4 + 5y)$ d) $(x^2y - 5) \cdot (3a - b)$
e) $(2x - y) \cdot (2x + y)$ f) $2 \cdot (ax + b) \cdot (1 - 2b) + 0{,}5a$

6

a) $(x + y)^2 = x^2 + 2xy + y^2$
b) $(x + 3y)^2 = x^2 + 6xy + 9y^2$
c) $(2x - 5y) \cdot (2x + 5y) = 4x^2 - 25y^2$
d) $(x - 2y)^2 = x^2 - 4xy + 4y^2$
e) $(3x - 7y)^2 = 9x^2 - 42xy + 49y^2$
f) $(2x + 13y)^2 = 4x^2 + 52xy + 169y^2$

Termumformungen | Merkzettel, Seite 32

■ **Text:** äquivalent
Beispiele: T_1 und T_6 sind äquivalent; T_3 und T_4 sind äquivalent; T_2 und T_5 sind zu keinem anderen Term äquivalent

■
Beispiele: $3{,}2 + 1{,}8 + y + 2y = 5 + 3y$
$(2{,}4 + 3{,}6) + x = 6 + x$
$(4 \cdot 2{,}5) \cdot x = 10x$
$4 \cdot 2{,}5 + 4 \cdot x = 10 + 4x$

■ **Text:** Ausklammern
Beispiele: $3a + b + 4a - 2b = 7a - b$
$2{,}5x + 3y - 3x + 2{,}5y = -0{,}5x + 5{,}5y$
$6x - \frac{3}{2}y$
$3(b - 3)$

■ **Text:** Faktoren
Beispiele: $6a^3 \cdot 12b^4 = 72 \cdot a^3b^4$

■ **Text:** Potenz
Beispiele: $5a^2b - 3a \cdot 4b^2 = 5a^2b - 12ab^2$

■
Beispiele: $3 \cdot y + 3 \cdot 5 + x \cdot y + x \cdot 5 = 3y + xy + 5x + 15$

Gleichungen und Lösungen (1), Seite 33

1

Das Lösungswort lautet: AMERIKA.

2

Strauße haben je 2 Beine: $2 \cdot x$
Wildschweine haben je 4 Beine: $4 \cdot x$
Gleichung $2 \cdot x + 4 \cdot x = 204$
$6 \cdot x = 204$
$x = 34$

3

$105 - 45 - 15 = x + 4x$
$45 = 5x$
$9 = x$
Preis der Mütze 9 €; Preis der Hose 36 €; Preis des T-Shirts 15 €; Preis des Skateboards 45 €

4

a) $x = 4$; $6 \cdot 4 = 12$ b) $x = -5$; $3 \cdot (-5) = -15$
c) $x = 20$; $2 \cdot 20 = 40$ d) $x = -3$; $(-9) \cdot (-3) = 27$

5

a) $3d = k$; $d = 2k$ b) $2d + k = 3k$; $d = k$
c) $2d = 3k + d$; $d = 3k$ d) $4d = 2d + (d + 2k)$; $d = 2k$

6

a) $T_1(x) = 2x - 3$; $T_2(x) = -3x + 2$; $x = 1$
b) $T_3(x) = x - 5$; $T_4(x) = 3 - x$; $x = 4$
c) $T_5(x) = -\frac{2}{3}x - 4$; $T_6(x) = 2{,}5 + 1{,}5x$; $x = -3$

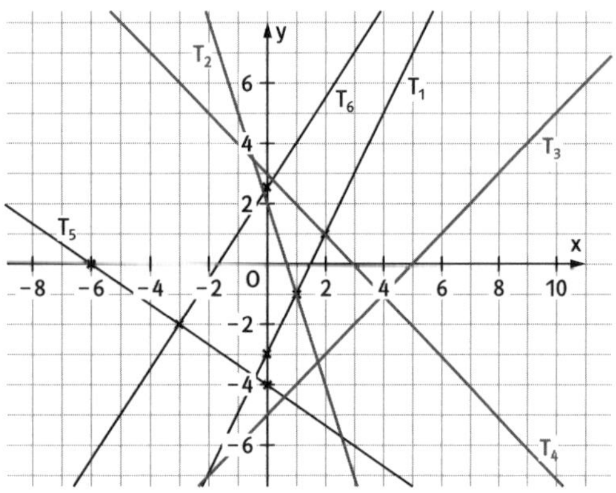

Gleichungen und Lösungen (2), Seite 34

1

Für folgende Gleichungen ist $y = 5$ die Lösung:
a), c), e), f), g), h), i), k), l),
Das Lösungswort ist GLÜCKSTAG.

2

a) $x = 20$ b) $x = 35$ c) $x = 42$
d) $x = 14$ e) $x = 54$ f) $x = 11$
Lösungswort: HIPHOP

3

a) $s = 5{,}5$
b) $y = 24$
c) $t = 3$
d) $z = 5$
e) $x = 48$
f) $u = 4$

z. B.

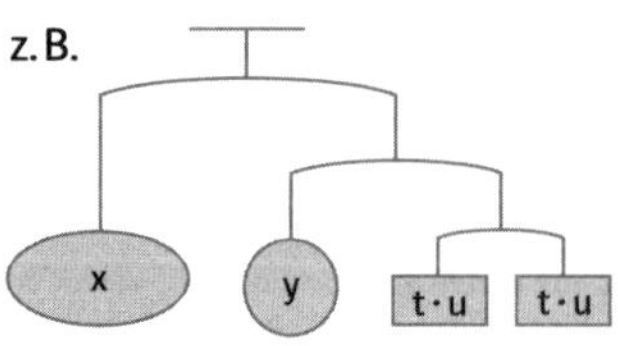

4

a) $x \cdot 6\,cm = 72\,cm^2$; $x = 12\,cm$
b) $a \cdot 4\,cm + a \cdot 4\,cm = 72\,cm^2$; $a = 9\,cm$
c) $x \cdot 4\,cm + 4\,cm \cdot 4\,cm = 72\,cm^2$; $x = 14\,cm$
d) $5\,cm \cdot y + 7\,cm \cdot y = 72\,cm^2$; $y = 6\,cm$

5

Wenn der Stift x € kostet, so kostet das Mäppchen $3 \cdot x$ €.
$x + 3 \cdot x + 3 \cdot 0{,}80$ € $= 10$ €; $x = 1{,}90$ €

Äquivalente Gleichungsumformungen, Seite 35

1

b) $2x + 7 = 31$ $x = 12$ c) $3x = 27$ $x = 9$
d) $2x + 7 = x + 20$ $x = 13$

2

a) $x = 3$

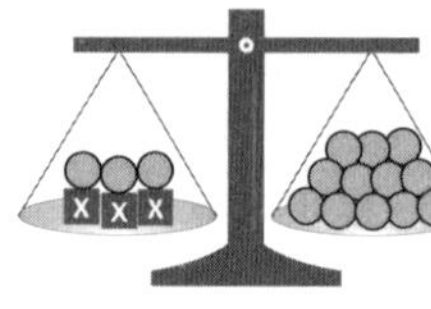

b) $x = 8$

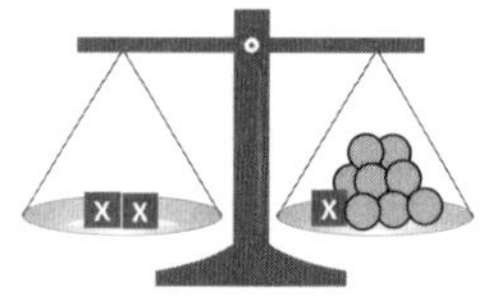

c) $x = 4$

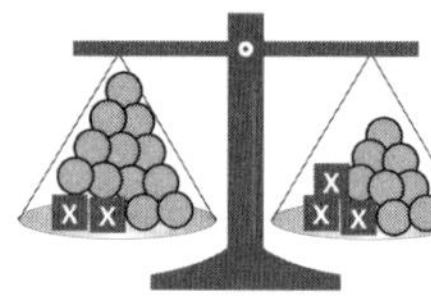

d) $x = 5$

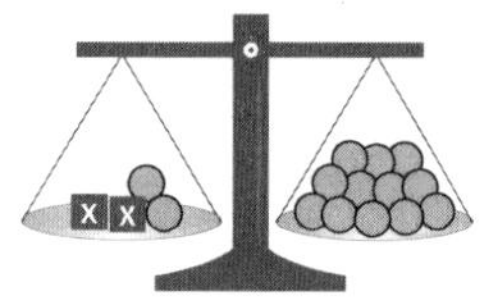

3

b) $z - 0{,}5 = -3{,}6$ $| + 0{,}5$
$z = -3{,}1$
Probe: $-3{,}1 - 0{,}5 = -3{,}6$

c) $y \cdot 4 = 32$ $| : 4$
$y = 8$
Probe: $8 \cdot 4 = 32$

d) $a : (-4) = 12$ $| \cdot (-4)$
$a = -48$
Probe: $(-48) : (-4) = 12$

e) $\frac{1}{2}x \cdot 5 = 10$ $| \cdot \frac{2}{5}$
$x = 4$
Probe: $\frac{1}{2} \cdot 4 \cdot 5 = 10$

f) $b : \frac{1}{4} = -8{,}8$ $| \cdot \frac{1}{4}$
$b = -2{,}2$
Probe: $(-2{,}2) : \frac{1}{4} = (-2{,}2) \cdot 4 = -8{,}8$

4

a) $x = 3$ b) $x = 40$ c) $x = 18$ d) $x = -3$
e) $x = 27$ f) $x = -\frac{1}{2}$ g) $x = 19$ h) $x = 9$
i) $x = 53$ j) $x = 24$ k) $x = 10$ l) $x = 1$
m) $x = 20$ n) $x = 5$ o) $x = 12$ p) $x = -2$

5

a) x steht für den Preis des PCs. Es ist: $x + (x - 300) = 650$, d. h. $x = 475$. Der PC kostet also 475 € und der Monitor 175 €.
b) x steht für die gegebene bzw. gesuchte Zahl. Es ist: $(3x - 1) \cdot 4 = 32$, d. h. $x = 3$. Die gesuchte Zahl ist also 3.

Systematisches Lösen linearer Gleichungen (1), Seite 36

1

b) $-24 = \frac{1}{3}x + 21$ $| - 21$
$-45 = \frac{1}{3}x$ $\boxed{| : 3}$ $-45 = \frac{1}{3}x$ $| \cdot 3$
$15 = x$ $-135 = x$

c) $-16 - 2x = 38$ $| + 16$
$-2x = 54$ $\boxed{| : 2}$ $-2x = 54$ $| : (-2)$
$x = 27$ $x = -27$

d) $4(x + 5) = 2(4x + 11) - 2 \mid$ vereinfachen

$4x + 20 = 8x + 20 \quad \mid -4x$

$20 = 4x + 20 \quad \mid -20$

$\boxed{40} = 4x \quad \boxed{\mid :2} \qquad 0 = 4x \quad \mid :4$

$x = 10 \qquad x = 0$

e) $2x + 20 = x - 24 \quad \mid -x$

$x + 20 = -24 \quad \mid -20$

$x = \boxed{-4} \qquad x = -44$

2

a) $x - 12 = -8 \quad \mid +12$

$x = 4$

b) $\frac{1}{2} + x = -\frac{1}{2} \quad \mid -\frac{1}{2}$

$x = -1$

c) $x \cdot 4 = -10 \quad \mid :4$

$x = -2{,}5$

d) $6 - \frac{1}{2}x = 5 \quad \mid -6$

$-\frac{1}{2}x = -1 \quad \mid \cdot(-2)$

$x = 2$

e) $8x + 3 = 7 \quad \mid -3$

$8x = 4 \quad \mid :8$

$x = 0{,}5$

f) $8x - 5x = -12 \quad \mid$ vereinf.

$3x = -12 \quad \mid :3$

$x = -4$

g) $35 - (x + 6) = 22 \quad \mid$ vereinf.

$29 - x = 22 \quad \mid -29$

$-x = -7 \quad \mid \cdot(-1)$

$x = 7$

h) $\frac{x}{2} + 49 = -\frac{x}{8} - \frac{x}{4} \quad \mid$ vereinf.

$\frac{4x}{8} + 49 - -\frac{x}{8} - \frac{2x}{8} \mid -49 + \frac{x}{8} + \frac{2x}{8}$

$\frac{7}{8}x = -49 \quad \mid \cdot\frac{8}{7}$

$x = -56$

i) $2 \cdot (4x + 3) = 4x - 18 \mid$ vereinf.

$8x + 6 = 4x - 18 \mid -4x - 6$

$4x = -24 \quad \mid :4$

$x = -6$

3

a) Der Term für die längere Seite lautet: $x + 3$

$2x + 2(x + 3) \geqq 62;\ 4x + 6 \geqq 62;\ x \geqq 14$

b) $2x + 2(x + 3) \leqq 64;\ 4x + 6 \leqq 64;\ x \leqq 14{,}5$

4

$x + 2x = 30;\ x = 10$

Die CD kostet 10 €, die DVD 20 €.

5

Gleichung: $2x + 2 \cdot 2x = 102;\ x = 17$

Das Rechteck ist 34 cm lang und 17 cm breit.

Systematisches Lösen linearer Gleichungen (2), Seite 37

1

a) $4x - 5 - 2x = 2 - 1 + x \quad \mid$ zusammenfassen

$2x - 5 = 1 + x \quad \mid -x$

$x - 5 = 1 \quad \mid +5$

$x = 6$

Lösung: $x = 6$

b) $x - 12 + 5x - 3x = 2x - 2 \quad \mid$ Klammern auflösen

$3x - 12 = 2x - 2 \quad \mid -2x + 12$

$x = 10$

Lösung: $x = 10$

Probe: $10 - 3 \cdot \left[\left(4 - \frac{50}{3}\right) + 10\right] = 2 \cdot (10 - 9)$

$10 - 12 + 50 - 30 = 18$

$18 = 18$

2

Das Lösungswort lautet: SPINNE.

a) $\frac{a}{2} = 5 \quad \mid \cdot 2$

$a = 10$

b) $\frac{1}{3} = \frac{x}{21} \quad \mid \cdot 21$

$x = 7$

c) $\frac{3}{8}b = 21 \quad \mid \cdot 8$

$3b = 168 \quad \mid :3$

$b = 56$

d) $\frac{x}{4} + \frac{x}{6} = \frac{15}{2} \quad \mid \cdot 12$

$3x + 2x = 90 \quad \mid :5$

$5x = 90$

$x = 18$

e) $\frac{z}{2} - \frac{z}{3} - \frac{z}{4} = -2 \quad \mid \cdot 12$

$6z - 4z - 3z = -24 \quad \mid$ zusammenfassen

$-z = -24 \quad \mid \cdot(-1)$

$z = 24$

f) $0{,}25(6 + 4y) - 4 - 2y = 6{,}5$

$1{,}5 + y - 4 - 2y = 6{,}5$

$-2{,}5 - y = 6{,}5 \quad \mid +2{,}5$

$-y = 9 \quad \mid :(-1)$

$y = -9$

3

$300\,000 - 20\,000 = 7 \cdot x$

$280\,000 = 7x \quad \mid :7$

$40\,000 = x$

Jedes Schiff kann 40 000 t laden.

4

a) Probe: $35 - (7 + 6) = 22 \qquad 35 - 13 = 22$

Die Probe stimmt, also ist die Lösung richtig.

b) $\frac{(3 - 4)}{3} = 1 - \frac{(2 + 4)}{6} \qquad -\frac{1}{3} = 1 - 1 \qquad -\frac{1}{3} = 0$

Die Lösung ist hier falsch, da die Probe ein falsches Ergebnis liefert.

c) $10 \cdot 10 - 18 - (7 \cdot 10 - 24) = (8 \cdot 10 + 46) + (30 - 12 \cdot 10)$

$100 - 18 - 46 = 126 - 90 \qquad 36 = 36$

Die Lösung ist also richtig.

Lineare Gleichungen in Anwendungssituationen, Seite 38

1

a) Fahrzeit Herr Schlau: $x - 2$

Wege für Herrn Klug: $60x$; für Herrn Schlau: $80 \cdot (x - 2)$

Zusammen nach x Stunden: $60x + 80 \cdot (x - 2)$

Gleichung: $60x + 80 \cdot (x - 2) = 540$

$x = 5$

Herr Klug fährt 5 Stunden. Sie treffen sich um 13 Uhr.

b) Herr Schlau hat 240 km zurückgelegt.

2

a) c)

Füllung (in m^3)	Zeit Pumpe A (in h)	Zeit Pumpe B (in h)
2000	0	0
1500	2	1
1000	4	2
500	6	3
0	8	4

b)

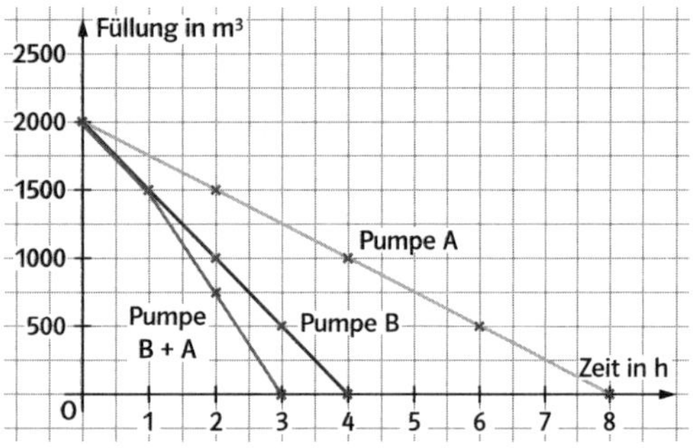

d) Pumpe B schafft pro Stunde 500 m³, das sind 500 000 l.
Pumpe A schafft pro Stunde 250 m³, das sind 250 000 l.
Während der ersten Stunde werden mit Pumpe B 500 m³ abgepumpt. Somit bleiben am Ende der ersten Stunde 1500 m³ zum Abpumpen übrig. Da die beiden Pumpen zusammen 750 m³ pro Stunde schaffen, ist der Rest in weiteren zwei Stunden abgepumpt. Somit ist das Bad nach drei Stunden leer gepumpt.

3

a) $2x$; $3x$; $3x = 1950$; $x = 650$;
Torsten hat 650 Punkte, Andreas hat 1300 Punkte.
b) x steht für die Anzahl der Siege; es gibt Siege, Unentschieden und Niederlagen
$3 \cdot x + 1 \cdot (x - 1) + 0 \cdot [11 - x - (x - 1)] = 19$;
$3 \cdot x + x - 1 = 19$;
$4 \cdot x - 1 = 19$;
$4 \cdot x = 20$;
$x = 5$
Die Bayern haben 5 Spiele gewonnen, 2 verloren und 4 unentschieden gespielt.

Gleichungen | Merkzettel, Seite 39

■ **Text:** Gleichheitszeichen

■ **Text:** Äquivalenz; −x; −7; 16; : 2; 8
Beispiele:
$8x - 5 - 2x = 3x + 9 + 1$
$6x - 5 = 3x + 10 \quad | +5$
$6x = 3x + 15 \quad | -3x$
$3x = 15 \quad | :3$
$x = 5$

Probe für $x = 5$: $40 - (5 + 10) = 3 \cdot 8 + 1$
$25 = 25$

■ **Text:** Variable
Beispiele: ☒ $3x - 8 = x$; ☒ $2x + 7 = x + 2x$

■ **Text:** Probe
Beispiele:
$8 + 4x = 10x - 16 \quad | -4x$
$8 = 6x - 16 \quad | +16$
$24 = 6x \quad | :6$
$4 = x$
Probe: links $4 \cdot (2 + 4) = 24$
rechts $(2 \cdot 4 - 3) \cdot 5 - 1 = 24$

■ **Text:** Variablen
Beispiele:
1. x sei die gesuchte Zahl
2. $\frac{1}{2} \cdot 3x - 7 = 0{,}5$
3. Lösung: $x = 5$
4. Die gesuchte Zahl lautet 5.

Üben und Wiederholen | Training 2, Seite 40

1

$\alpha = 115°$; $\beta = 115°$; $\gamma = 65°$; $\delta = 115°$

2

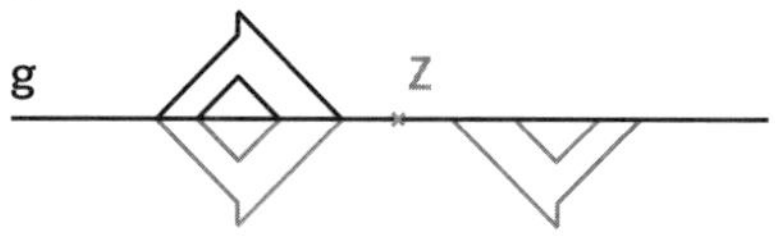

3

b) Drachen: CDEI, DHIJ, HFEQ, ADQI, DFIL und JLCA
c) Parallelogramme: ABFG; IHDC; IQDL; und IJDE
d) Quadrate: ADFI und SPNK
Rauten: MTRO; DQIL
Trapeze: ABNK, ABPS, CDRT, CDOM, DEPN, DESK, JDQI, KDQS, NDEP, KDES, ADFG, CDFI, DFIJ, MPST, IMOH, IMOQ

4

Der Schnittpunkt der Winkelhalbierenden und der Mittelsenkrechten liegt von beiden Häusern 3,1 cm entfernt, das entspricht 15,5 m.

5

a) $8 \cdot 5 + 5 - 3 \cdot 4 + 14 + - 11 \cdot 4 + 3 \cdot 5 = 18$
b) $11 - (2 \cdot 5) + 8 + 5 \cdot 4 - (6 + 5) + 4 \cdot 4 - 12 = 22$

6

a) $36 - 2 \cdot x = 18$; $x = 9$
b) $(3x + 6) : 9 = 3$; $x = 7$

Üben und Wiederholen | Traing 2, Seite 41

7

Term	vereinfachter Term	Wert des Terms für			
		$x = 1$	$x = -2$	$x = 3$	$x = \frac{1}{2}$
$2x - 4x - 1 + 5x$	$3x - 1$	2	−7 ~~7~~	8	0,5
$1 + 3{,}6 \cdot x - 2x$	$1{,}6x + 1$	2,6	−2,2	~~4,8~~ 5,8	1,8
$\frac{1}{2} + 1{,}5x + 6 + 2{,}5x$	$4x + 6{,}5$	10,5 ~~11,5~~	−1,5	18,5	8,5
$\frac{1}{2}x - 1{,}2 - \frac{3}{4}x$	$-0{,}25x - 1{,}2$	−1,45	~~7~~ −0,7	−1,95	~~1,325~~ −1,325
$\frac{5}{6}x - \frac{1}{3}x - 4x$	$-\frac{7}{2}x$	−3,5 ~~3,5~~	7	−10,5	−1,75

8

a) $4 \cdot a + 4 \cdot 2{,}5a + 4 \cdot 1{,}5a = 20a$
b) $8 \cdot b + 4 \cdot (2b + 1) + 6 \cdot 3b = 34b + 4$

9

a) $28a - 41$ b) $19x - 15$ c) $22b - 30$
d) $-15r + 132$ e) $5{,}1p + 3{,}7$ f) $4m + 18$

10

a) $4xy(3x - 1)$ b) $9b(5ab + 2a - 3)$
c) $8p(-3q + p - 4pq)$ d) $12xy(5 + x - 3y)$
e) $9bc(-3ac + 2c - 4a)$ f) $12n^2(12m + 7m^2 - 3)$

11

$(2x + 4) \cdot 2 = 9x - 7$; $x = 3$

12

b) $x = 3$ c) $x = 4$ d) $x = -9$ e) $x = 1$ f) $x = 1{,}5$

Analysieren von Daten – Diagramme, Seite 42

1

a) 6-mal b) 1995 c) 1233 %
d) 1999; 50 % e) 950 000; 1 049 999 f) 17-mal

2

a) 142 < 149 < 150 = 150 < 154 < 155 < 156 < 157 = 157 = 157 < 158 < 159 < 160 = 160 = 160 = 160 < 161 < 162 < 168 < 169 = 169 < 170 < 175

b) zwölf
c) 160 cm
d) 142 cm
e) 175 cm

3

a)

Bad Harzburg	ab	8:00
Goslar	an	8:20
	ab	8:25
Hildesheim	an	8:55
	ab	9:05
Hannover	an	9:40

b) 5 Minuten
c) In Hildesheim
d) Zwischen Bad Harzburg und Goslar fährt der Zug am schnellsten, da in diesem Abschnitt die Kurve im Schaubild am steilsten ist.
e) Der Zug ist 1 h 40 min unterwegs. Die reine Fahrtzeit beträgt 1 h 25 min.

Mittelwert, Seite 43

1

a)

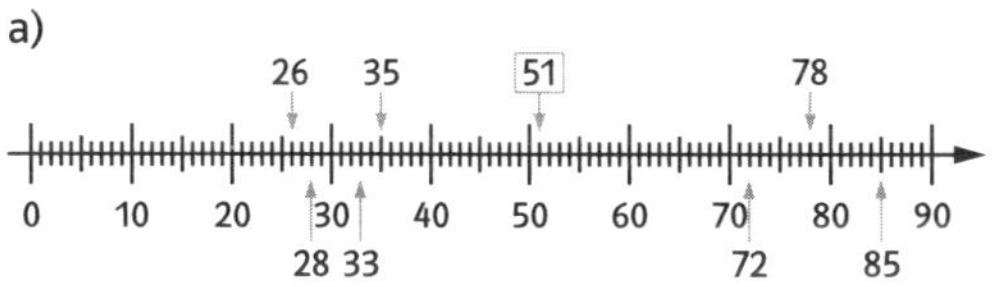

b)

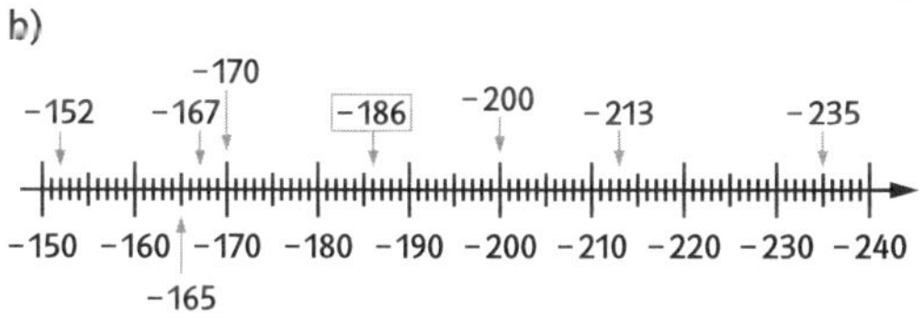

Der Mittelwert ist in eckiger Umrandung gekennzeichnet.

2

a) 20 b) 340 c) 87,3

3

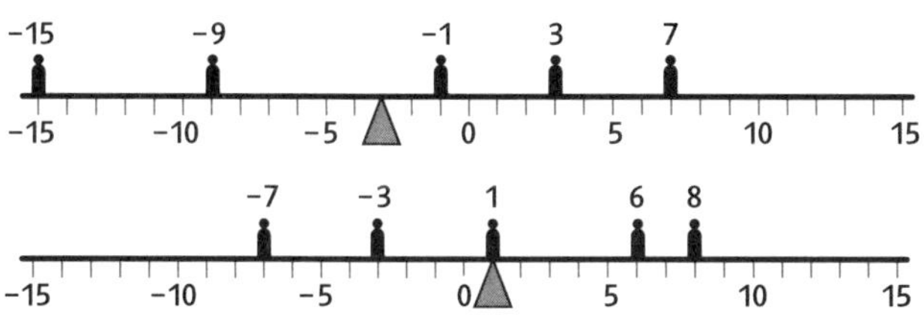

4

a) 5,1 l; 5,4 l; 6,8 l; 7,3 l; 7,9 l; Mittelwert: 6,5 l
b) Mittelwert: 5,8 l

a)

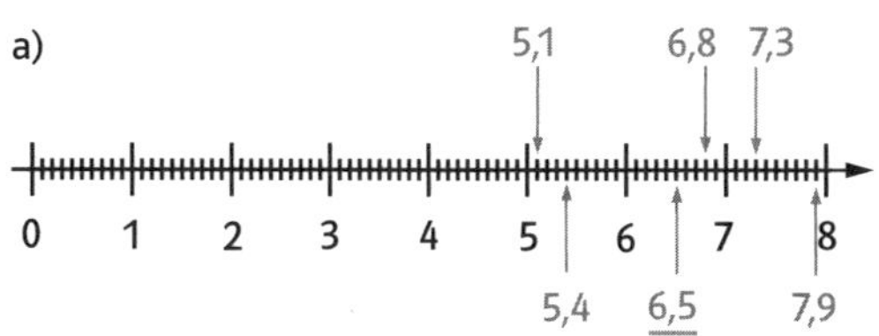

b)

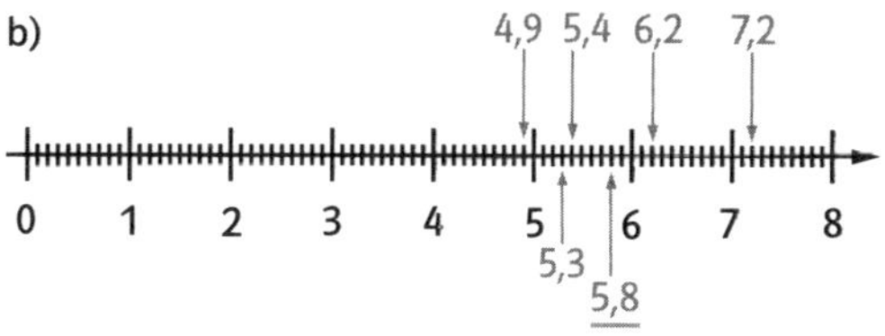

c) drei Werte im Februar, zwei Werte im März

5

a) ungefähr 3487 g b) 5 7 3
c) individuell

Die Grundgleichung der Prozentrechnung (1), Seite 44

1

a) 235 von 436 = 54 %; 144 von 436 = 33 %; 11 % von 436 = 48;
436 − 235 − 144 − 48 = 9; 9 von 436 = 2 %

b)

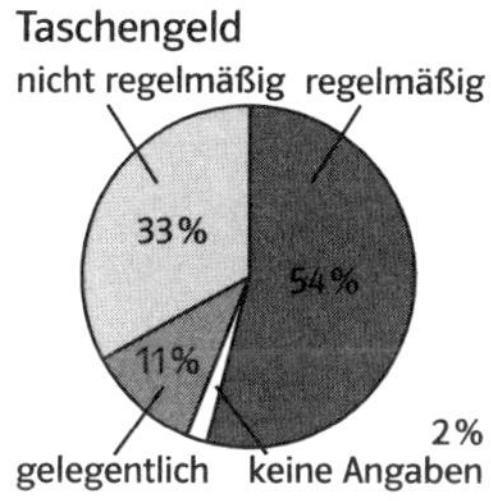

c) Zwei Drittel wären 66 %. Es sind aber 54 %. Zählt man die 11 % mit gelegentlich Taschengeld dazu, kommt man auf 65 %, also fast zwei Drittel. Aber regelmäßig und gelegentlich ist nicht dasselbe.

2

	Prozentsatz	Grundwert	Prozentwert	Korrektur
a)	2 %	250 €	3 €	5 €
b)	135 %	1233 kg	1541,25 kg	125 %
c)	17,5 %	3000 m	525 m	✓
d)	30 %	20 $	6,08 $	30,4 %
e)	1,75 %	60 €	1 €	1,05 €
f)	130 %	40	58,5	45

3

14 % · x = 280 €
0,14 · x = 280 € | : 0,14
x = 2000 €

Stefan hat sein Konto um 2000 € überzogen.

4

104 % · x = 49,40 € | : 1,04
x = 47,50 €

Die Jeans hat vorher 47,50 € gekostet.

5

a) 3 % entsprechen 3,60 €. Familie Schmidt zahlt monatlich 3,60 € mehr.
b) Jährlich zahlt sie 43,20 € mehr.

6

a) Du sparst 11,70 € pro Gartenstuhl.
b) Für 4 Stühle muss man 265,20 € zahlen.

Die Grundgleichung der Prozentrechnung (2), Seite 45

1

Klaus fehlen noch 40%. Die Stereoanlage kostet 330 €.
Klaus hat schon 198 € gespart.

2

a) Der Fettgehalt beträgt bei Salzstangen 0 g; Crackern 11 g; Popcorn 8 g; Erdnusslocken 36 g; Kartoffelchips 17 g; Erdnüssen 25 g; Macadamianüssen 144 g.
b) Mann: weniger als 5 Chipstüten
Frau: weniger als 4 Chipstüten

3

alter Preis	Rabatt	Ersparnis	neuer Preis
99,90 €	10%	9,99 €	89,91 €
39,90 €	30%	11,97 €	27,93 €
19,90 €	20%	3,98 €	15,92 €
21,90 €	30%	6,57 €	15,33 €

4

$A_1 = 20\%$; $A_2 = 32\%$; $A_3 = 16\%$; $A_4 = 12\%$; $A_5 = 20\%$
$B_1 = 20\%$; $B_2 = 12\%$; $B_3 = 18\%$; $B_4 = 50\%$
$C_1 = 50\%$; $C_2 = 25\%$; $C_3 = 25\%$

5 a)

Bezeichnung	Fruchtanteil	
	pro 1000 g	in %
Konfitüre extra	450 g	45
Konfitüre	350 g	35
Gelee extra	450 g	45
Gelee	350 g	35
Marmelade (nur Zitrusfrüchte)	200 g	20
Fruchtaufstrich	500 g – 700 g	50 bis 70

b) $45\% \cdot 250\,g = 112{,}50\,g$ Erdbeeren
c) In einem 450-g-Glas Gelee sind $60\% \cdot 450\,g = 270\,g$ Zucker enthalten.
d) Der Fruchtanteil beträgt $65\% \cdot 125\,g = 81{,}25\,g$.

Analysieren von Daten, Seite 46

1

Obstart	gerundet
Äpfel	1220
Birnen	310
Süßkirschen	600

Obstart	gerundet
Sauerkirschen	110
Pflaumen und Zwetschgen	570
Mirabellen und Renekloden	50

siehe Figur 1 am Seitenende

2

a) Kreisdiagramm
z. B. Sauerkirschen
1,7% von 626 875 t
$= 628\,875\,t \cdot \frac{1{,}7}{100}$
$\approx 10\,656{,}875\,t$

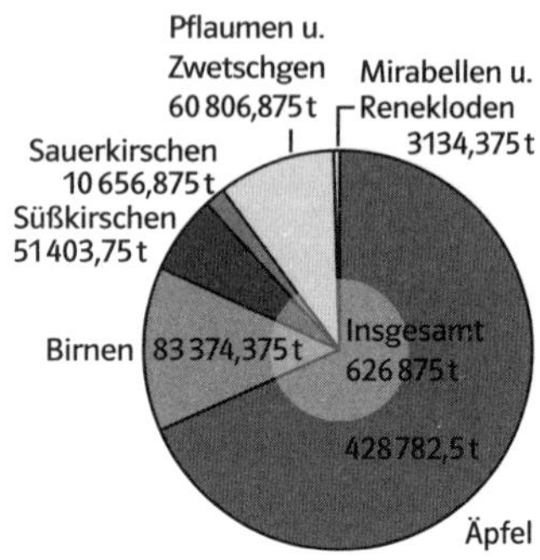

b) Die Aussagen: „Den größten Anteil an der Erntemenge haben Äpfel." und „Den geringsten Anteil machen Mirabellen und Renekloden aus." sind richtig.

3

a) 6 | 8
5 | 26
4 | 048
3 | 6
2 | 0344
1 | 022356789
0 | 0011222334445677889 9

b) Anzahl: 40; Minimum: 0; Maximum: 68;
Mittelwert: $\frac{652}{40} = 16{,}3$

Daten, Diagramme und Prozentrechnung | Merkzettel, Seite 47

Text: Säulendiagramm; Bilddiagramm

Text: 36; 3,6
Beispiele: 234° ≙ 65%; 36° ≙ 10%; 90° ≙ 25%

Text: geteilt
Beispiele: 7; 0,05

Obstanbau in Bayern im Jahr 2007 in Hektar (ha)

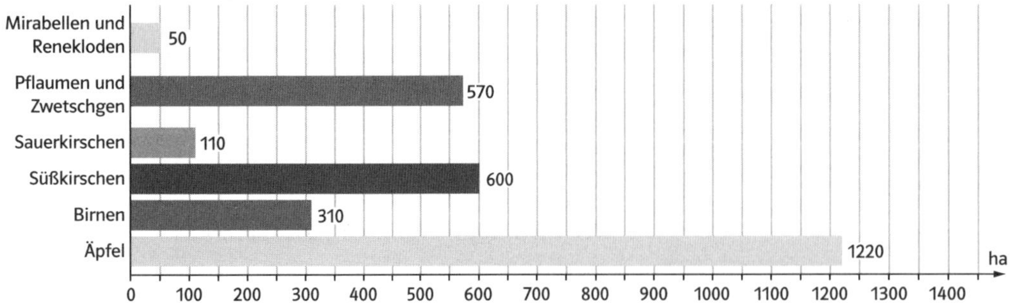

Fig. 1

Text: Prozentsatz; Grundwert; Grundwert

Beispiele:

$: 35$ ($35\,\% \mathrel{\widehat{=}} 700$) $: 35$
$1\,\% \mathrel{\widehat{=}} 20$
$\cdot 100$ ($100\,\% \mathrel{\widehat{=}} 2000$) $\cdot 100$

$700 \cdot \frac{100}{35} = 2000$

$: 100$ ($100\,\% \mathrel{\widehat{=}} 500\,\text{m}$) $: 100$
$1\,\% \mathrel{\widehat{=}} 5\,\text{m}$
$\cdot 55$ ($55\,\% \mathrel{\widehat{=}} 275\,\text{m}$) $\cdot 55$

$500 \cdot \frac{55}{100} = 275$

$: 240$ ($240 \mathrel{\widehat{=}} 100\,\%$) $: 240$
$1 \mathrel{\widehat{=}} \frac{100}{240}\,\%$
$\cdot 48$ ($48 \mathrel{\widehat{=}} 20\,\%$) $\cdot 48$

$\frac{48}{240} = 0{,}2 = 20\,\%$

Kongruente Figuren, Seite 48

1

A ≅ G B ≅ J D ≅ F
E ≅ H übrig bleiben C und I.

2

Lauter kongruente Teilfiguren entstehen bei: a), b), c), f).
Weitere Zerlegungen für g) und h) wären beispielsweise:

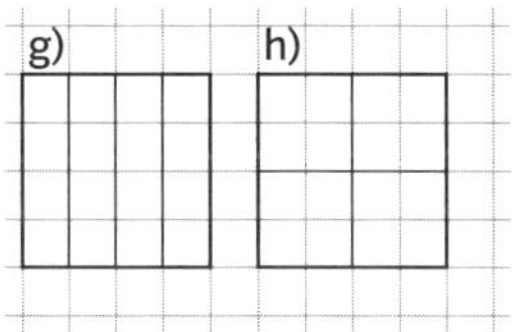

3

a) und b)

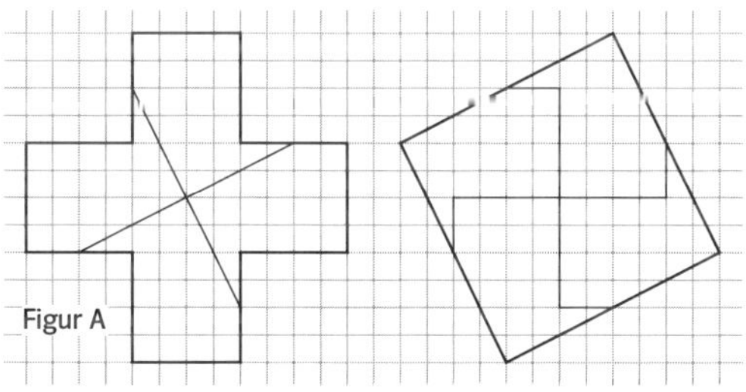

4

a) bis c)

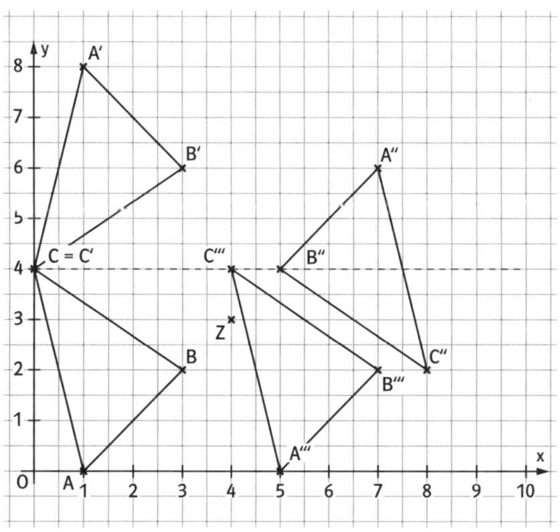

Kongruenzsätze für Dreiecke (1), Seite 49

1

a) SWS b) SsW c) SSS d) WSW

2

a) SWS b) WSW, $\alpha = 40°$

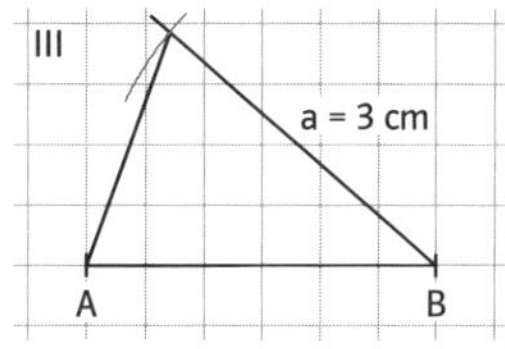

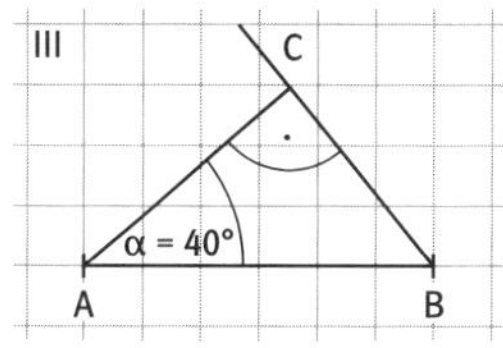

c) SSS

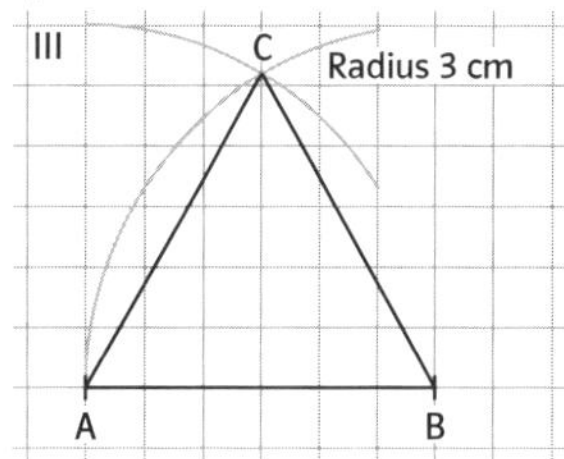

3

... nämlich in der Seite $[A_1B]$ bzw. $[A_2B]$, dem Winkel bei Punkt C und der Seite [BC].

4

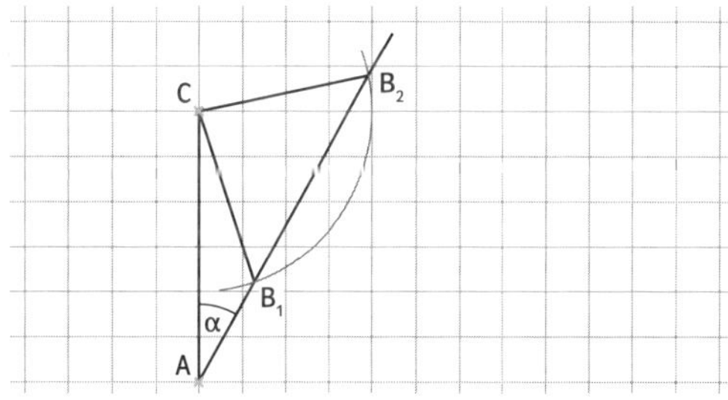

$c_1 = 13\,\text{mm}$, $c_2 = 39\,\text{mm}$

Kongruenzsätze für Dreiecke (2), Seite 50

1

a) SWS b) WSW c) SSS d) WSW

2

a) SWS; b = 55 mm

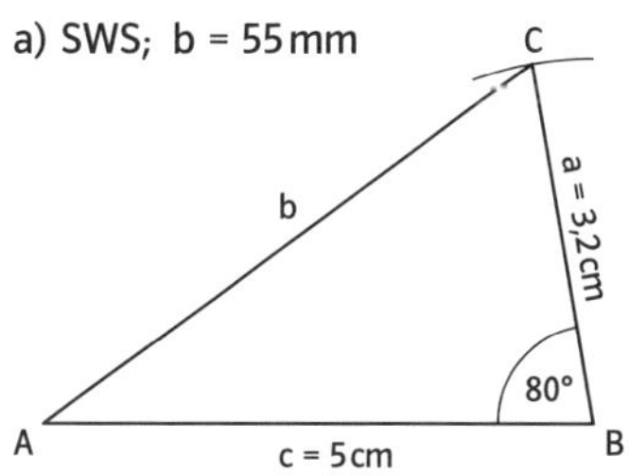

b) WSW; b = 59 mm

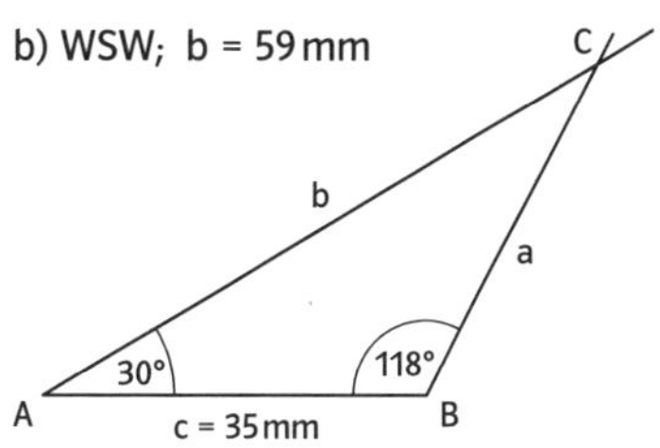

3

a) und b)

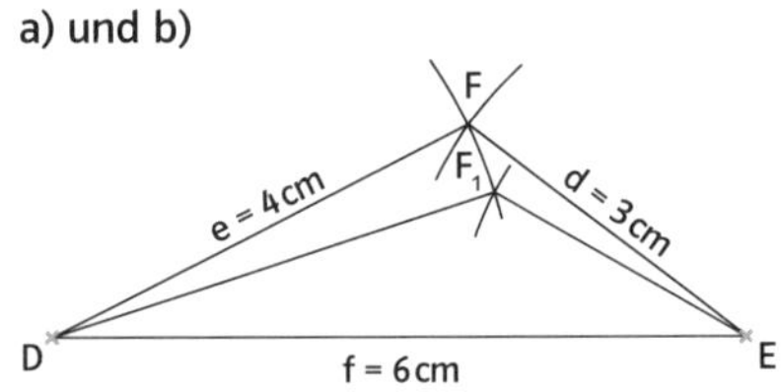

c) 2 cm d) d + e > f d + f > e e + f > d

4

a)

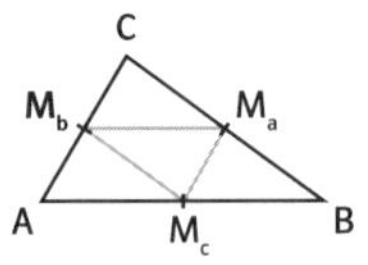

b) $AM_cM_b \cong M_cBM_a \cong M_bM_aC \cong M_aM_bM_c$

c) Die Beobachtung aus b) gilt bei jedem Dreieck.

Das gleichschenklige Dreieck, Seite 51

1

	spitz-winklig	recht-winklig	stumpf-winklig
gleichseitig	2; 3	–	–
gleichschenklig, nicht gleichseitig	10	5; 11	4; 7
allgemein	9	1	6; 8

2

a)

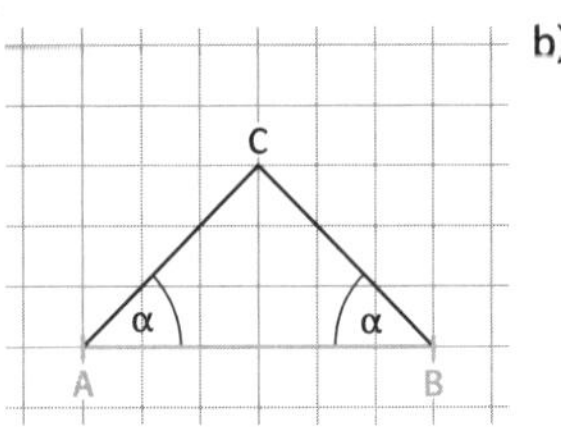

b)

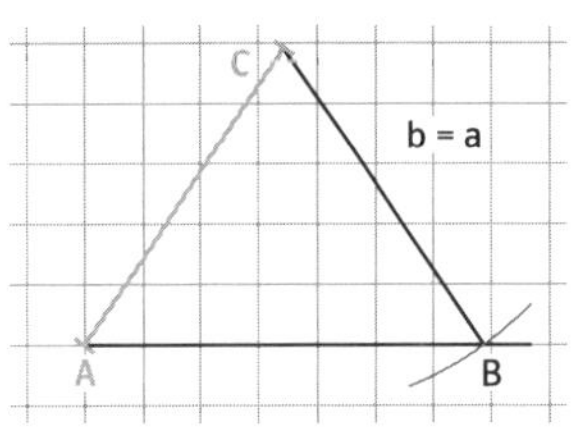

3

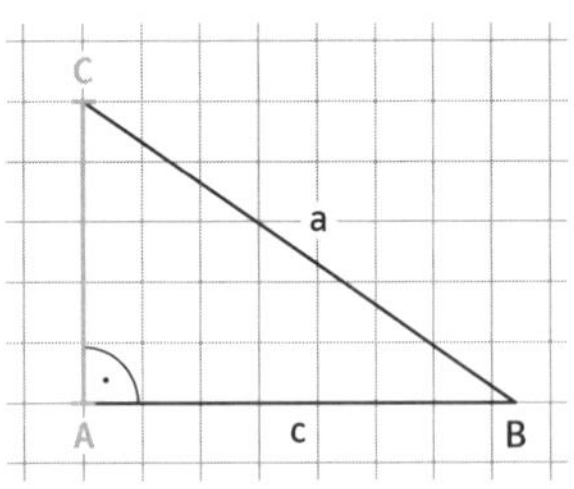

4

$\beta = 18°$; $\gamma = 64°$; $\varepsilon = 58°$

5

$\overline{AB} = \overline{AC}$; $\alpha = 40°$; $\beta = \gamma = 70°$

6

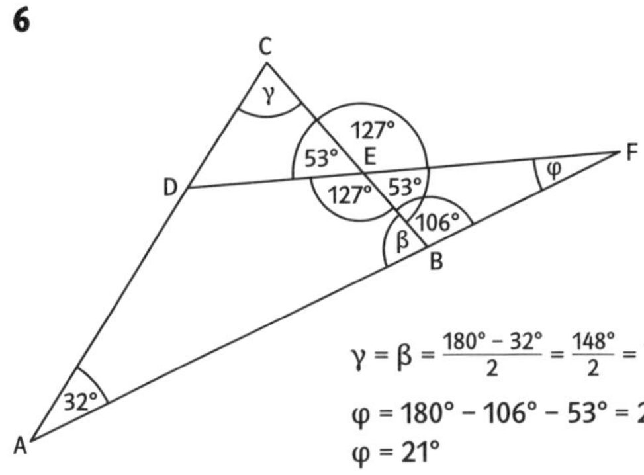

$\gamma = \beta = \frac{180° - 32°}{2} = \frac{148°}{2} = 74°$

$\varphi = 180° - 106° - 53° = 21°$

$\varphi = 21°$

Das Dreieck CDE ist gleichschenklig mit $\overline{CD} = \overline{CE}$.

Satz und Kehrsatz, Seite 52

1

a) Wenn Sonntag ist, dann findet kein Unterricht statt.

b) Wenn der 24. Dezember ein Sonntag ist, dann ist die Adventszeit nur drei Wochen lang.

c) Wenn es zu viel regnet, dann tritt der See über die Ufer.

2

a) Voraussetzung: „mit zwei gleich großen Winkeln"
Wenn ein Dreieck zwei gleich große Winkel hat, dann ist es gleichschenklig.

b) Voraussetzung: „zweistellige"
Wenn eine Primzahl zweistellig ist, dann ist sie ungerade.

c) Voraussetzung: „mit vier rechten Winkeln"
Wenn ein Viereck vier rechte Winkel hat, dann sind die Diagonalen gleich lang.

d) Voraussetzung: „kongruente"
Wenn Dreiecke kongruent sind, dann haben sie den gleichen Flächeninhalt.

3

a) Wenn ein Dreieck gleichschenklig ist, dann hat es zwei gleich große Winkel. (wahr)

b) Wenn eine Primzahl ungerade ist, dann ist sie zweistellig. (falsch; Gegenbeispiele: 3, 5 und 7)

c) Wenn ein Viereck gleich lange Diagonalen hat, dann hat es vier rechte Winkel. (falsch; Gegenbeispiel: gleichschenkliges Trapez:

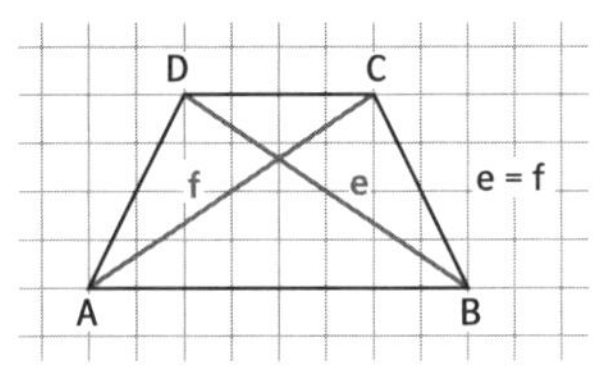

d) Wenn Dreiecke den gleichen Flächeninhalt haben, dann sind sie kongruent. (falsch; Gegenbeispiel: Dreiecke mit gleich langer Grundseite und zugehöriger Höhe, die verschiedene Winkel haben, zum Beispiel: Dreiecke mit gleicher Seite und zugehöriger Höhe)

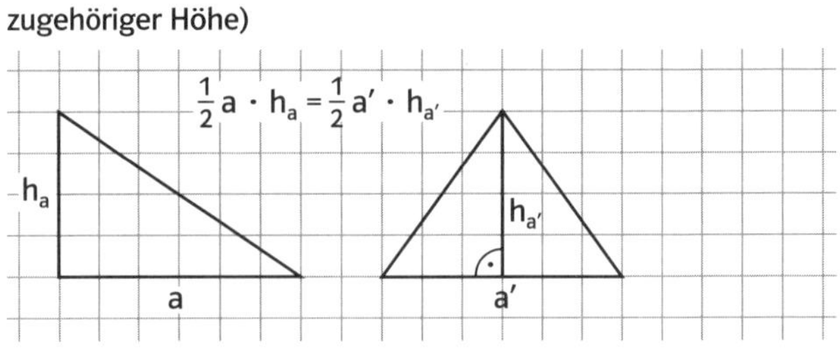

Das rechtwinklige Dreieck – der Satz des Thales, Seite 53

1

a)

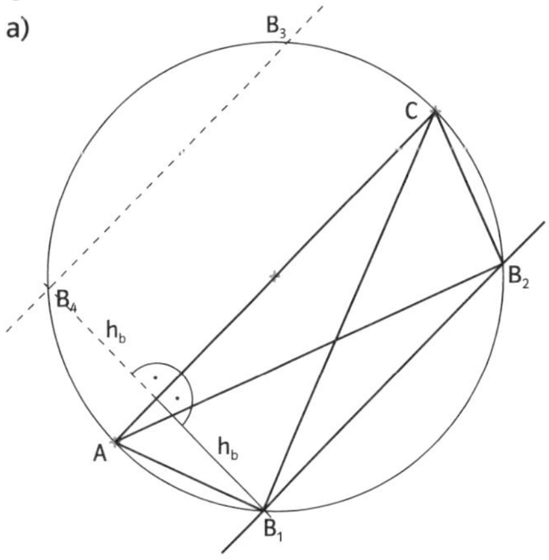

b)

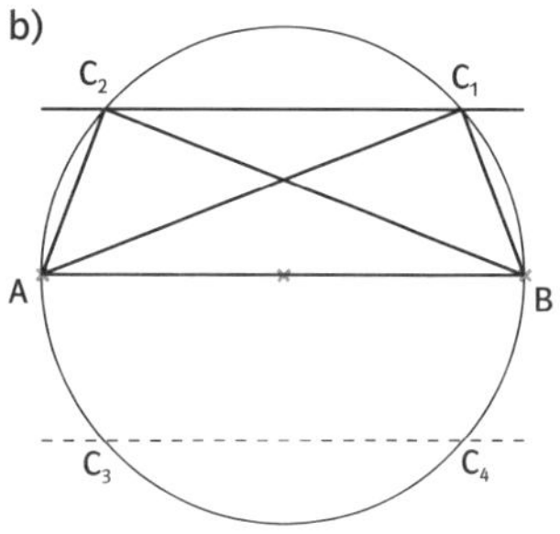

c) Linke Spalte: b6; b3; a5; a4; a6; b1
Rechte Spalte: b4; b2; a3; a2; b5; a1

2

a) $\beta = 25°$; $\gamma = 65°$

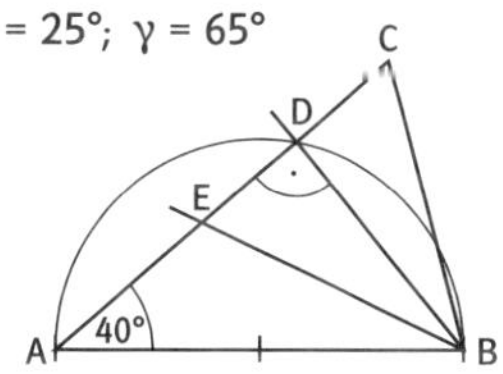

b) $\alpha = 65°$

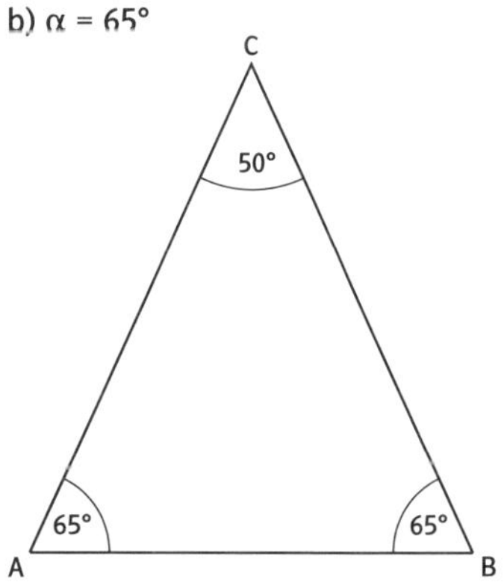

Dreieckskonstruktionen, Seite 54

1

a)

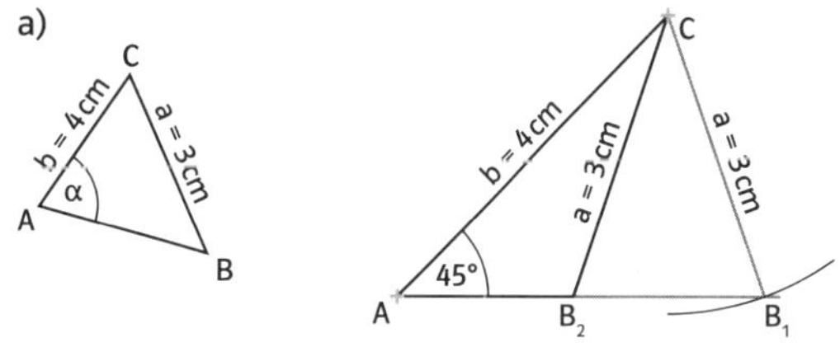

b)

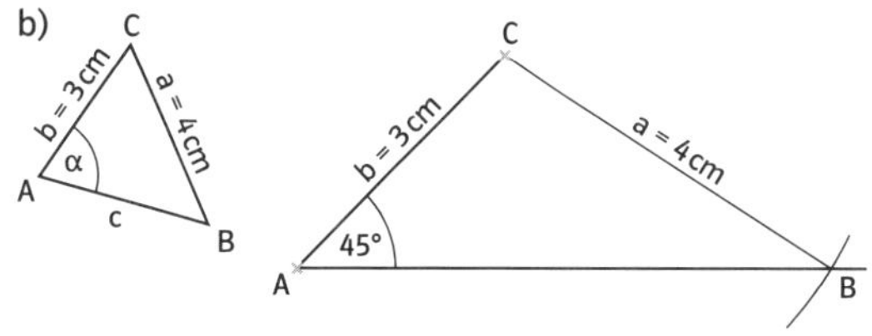

Dies zeigt dir, dass ein Dreieck nur eindeutig konstruierbar ist, wenn der gegebene Winkel der **größeren** Seite gegenüberliegt.

2

Siehe Tabelle 1 am Seitenende

3

Da die kleinen Dreiecke gleichschenklig sind, müssen die beiden Basiswinkel des großen Dreiecks je 45° und damit der Winkel zwischen den beiden Dachseiten 90° betragen. Der Maßstab der Zeichnung ist 1:50. Die beiden gegebenen Schenkel werden in der Zeichnung 4,5 cm lang. Die gesuchte Länge beträgt ca. 6,4 cm. Also hat das Haus eine ungefähre Breite von 3,20 m.

4

a) rechtwinklig

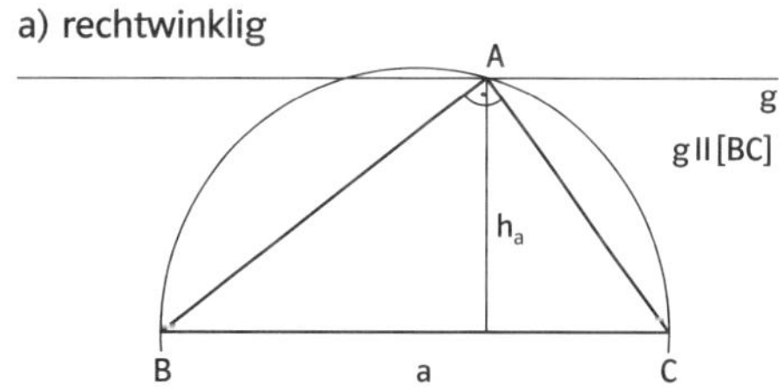

b) gleichschenklig

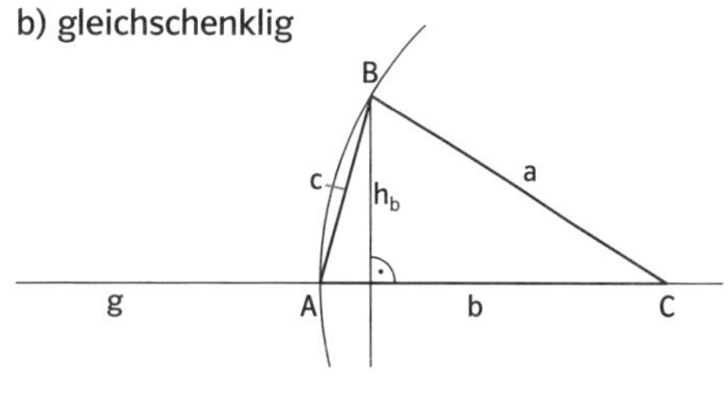

Größen	ja	Kongruenzsatz	nein	Begründung
a) c = 6,7 cm, $\alpha = 65°$, $\beta = 120°$	◯		⊗	$\alpha + \beta > 180°$
b) a = 35 mm, b = 5 cm, c = 2 cm	⊗	SSS	◯	
c) a = 5,3 cm, b = 4,2 cm, $\gamma = 67°$	⊗	SWS	◯	
d) a = 2 cm, b = 4 cm, c = 0,7 dm	◯		⊗	a + b < c
e) b = 4 cm, $\beta = 52°$, $\gamma = 36°$	⊗	WSW	◯	Tipp: Der Winkel α muss bestimmt werden.

Tab. 1

Kongruenz und Dreiecke | Merkzettel, Seite 55

Text: deckungsgleich
Beispiele:

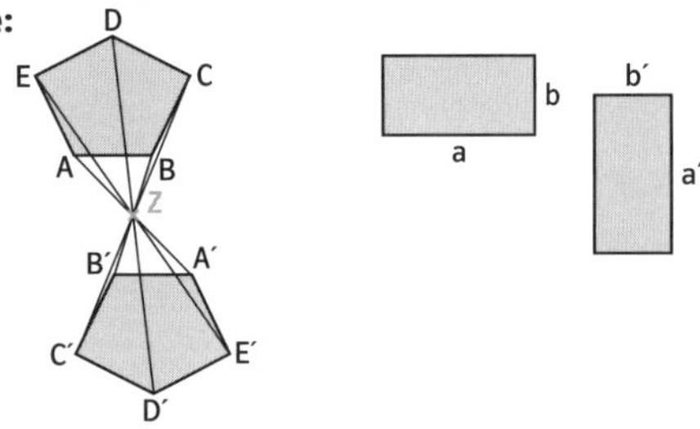

Text: Seiten
Beispiele:

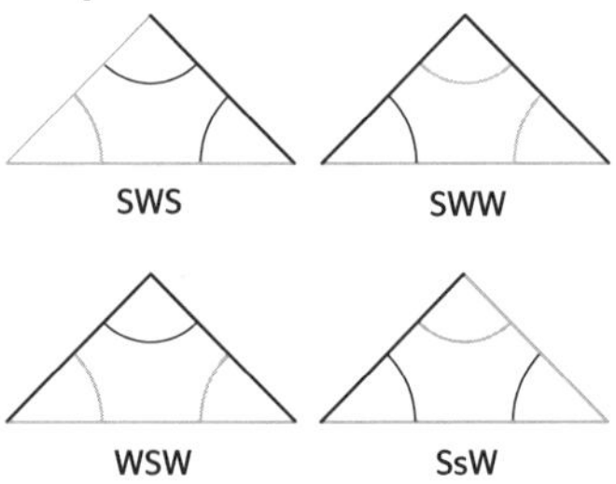

Text: Schenkel; gleichseitig
Beispiele: Basis; Basiswinkel; gleichseitig

Text: achsen(symmetrisch); zwei
Beispiele:

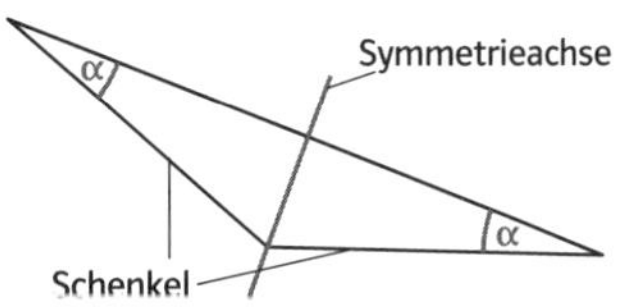

Text: Thales
Beispiele:

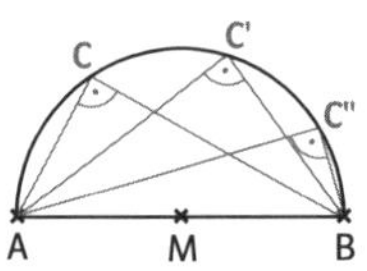

Text: Hypotenuse
Beispiele: Hypotenuse

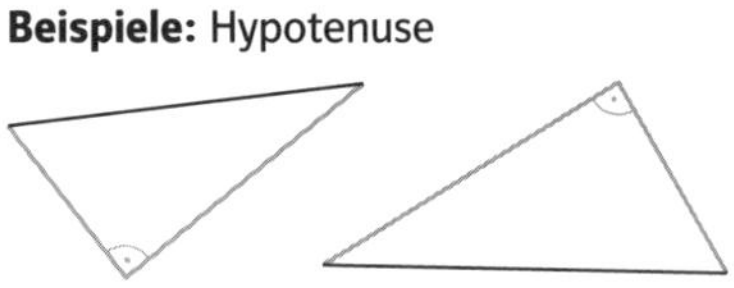

Grau entspricht dabei blau und schwarz rot.

Mittelsenkrechte und Winkelhalbierende, Seite 56

1
Von links nach rechts sind die Beschreibungen:
m1; m4; w1; m2; w3
m3; w4; w5; m5; w2

2
a)

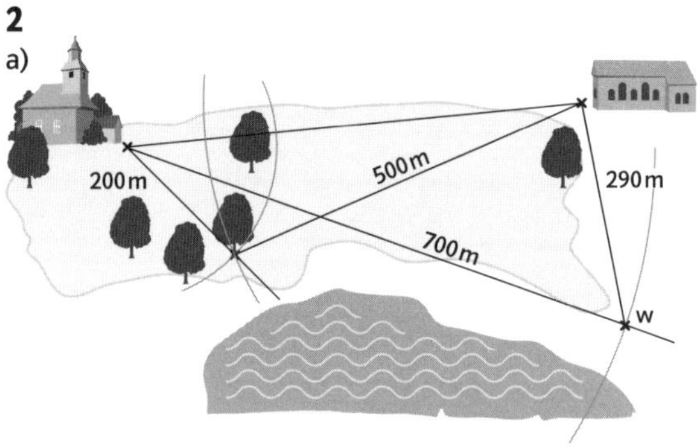

b) Die Entfernung zum Bahnhof beträgt ca. 290 m.

3

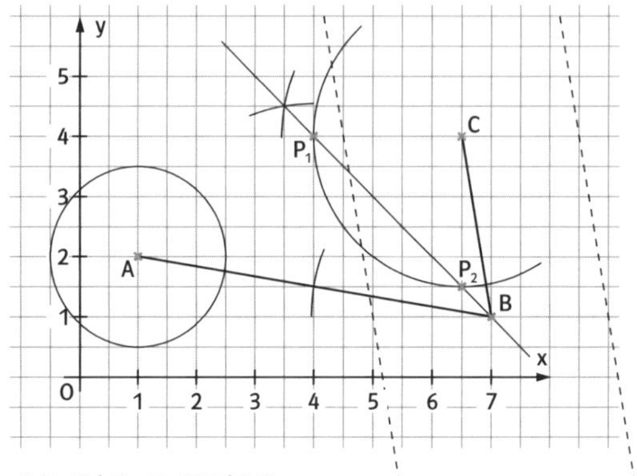

a) $P_1(4|4)$; $P_2(6{,}5|1{,}5)$
b) Es gibt keinen solchen Punkt. Die Parallelen und der entsprechende Kreis schneiden sich nicht.

Umkreis und Inkreis, Seite 57

1

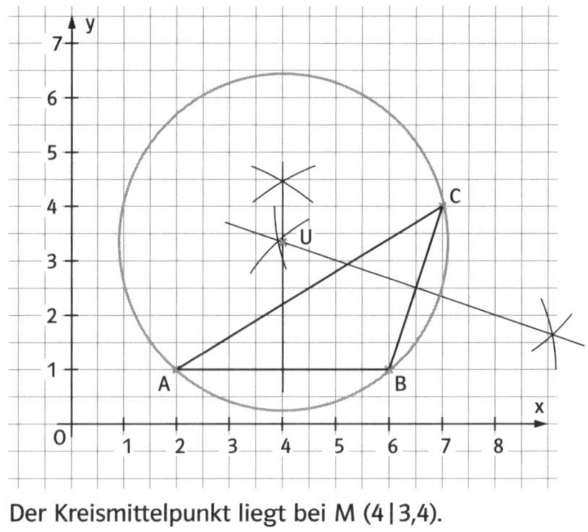

Der Kreismittelpunkt liegt bei M (4 | 3,4).

2

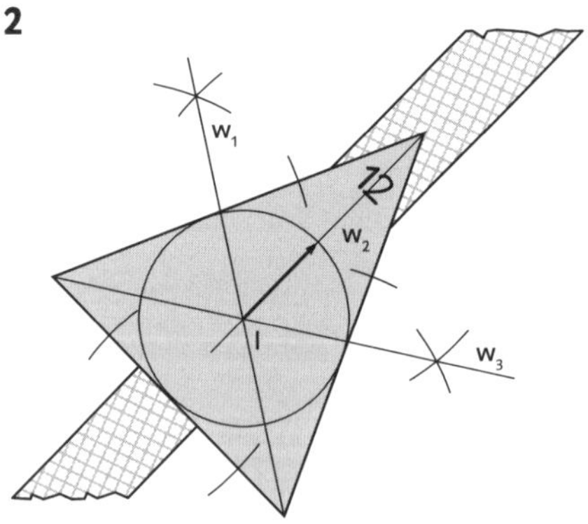

3

Konstruiert wird der Umkreis. Sein Durchmesser beträgt auf der Zeichnung 4,7 cm. Die Zeichnung hat einen Maßstab von 1:100. Der Durchmesser muss ca. 4,7 m betragen.

4

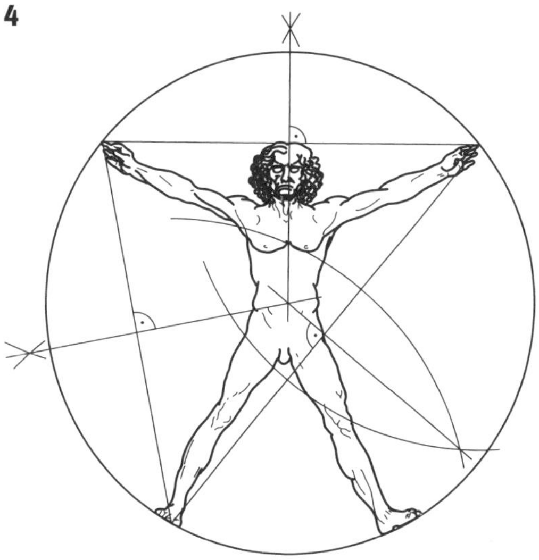

5

a)

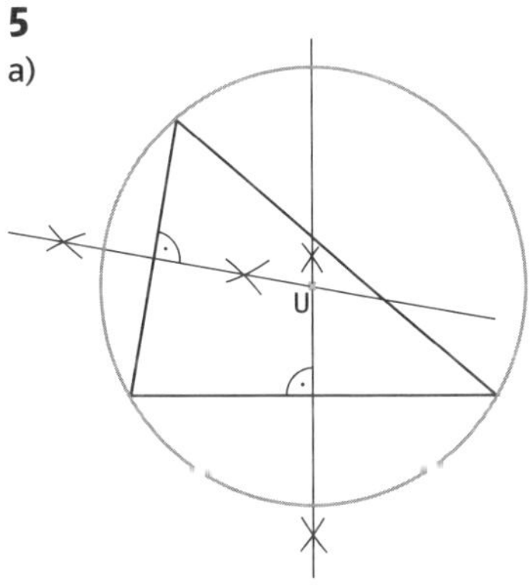

b) Das Lot l erleichtert das exakte Zeichnen.

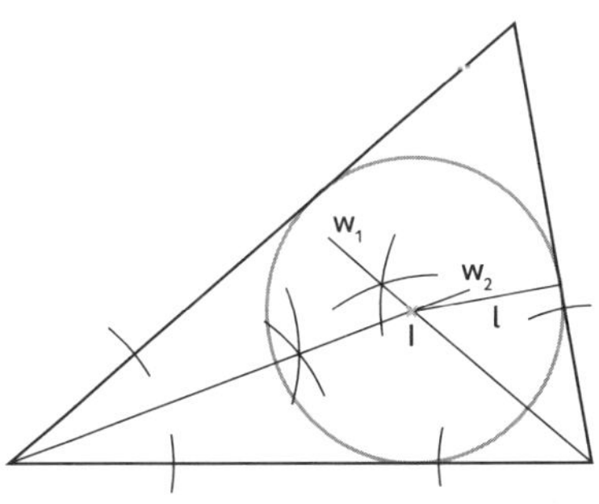

Höhen und Seitenhalbierende, Seite 58

1

h1: Gesucht ist das Dreieck ABC mit $a = 5\,cm$, $c = 6\,cm$ und $h_c = 4\,cm$.

h2: Ich zeichne die Strecke [AB] mit der Länge c.

h3: Ich zeichne zur Strecke c …

h4: Ich zeichne einen Kreisbogen um den Punkt B …

s1: Konstruiere das Dreieck ABC mit $a = 4{,}5\,cm$, $b = 6\,cm$ und $s_b = 5{,}5\,cm$.

s2: Ich zeichne die Strecke [BC] mit der Länge a.

s3: Ich zeichne einen Kreisbogen um C …

s4: Die Schnittpunkte der beiden Kreisbögen …

Das Dreieck A'BC hat den falschen Umlaufsinn.

2

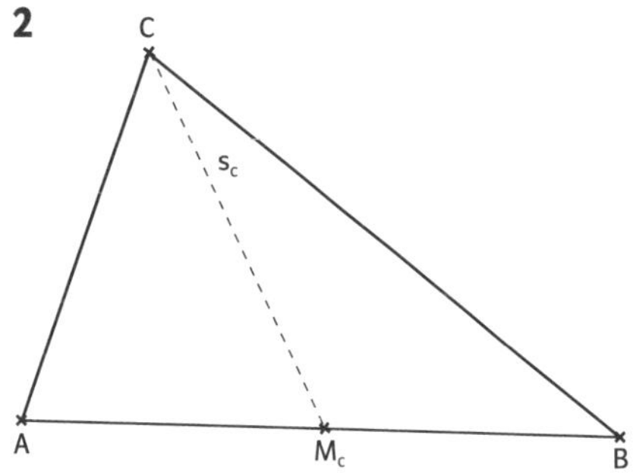

3

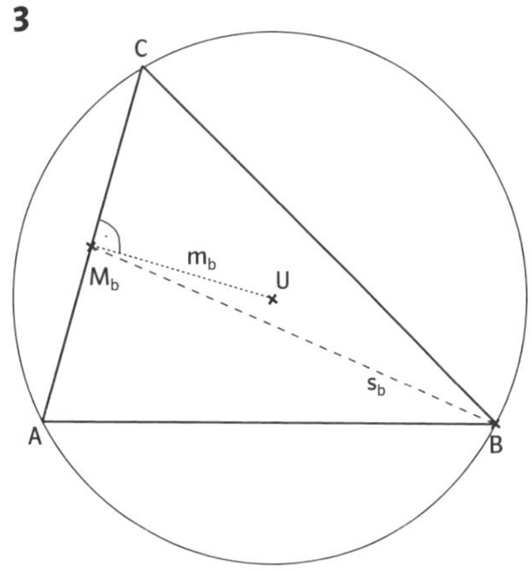

4

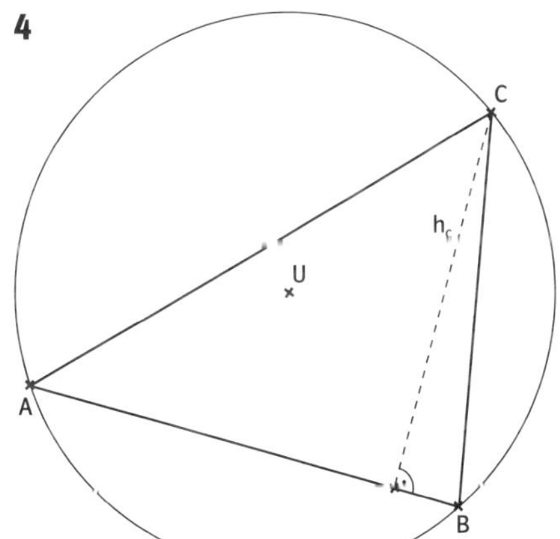

5

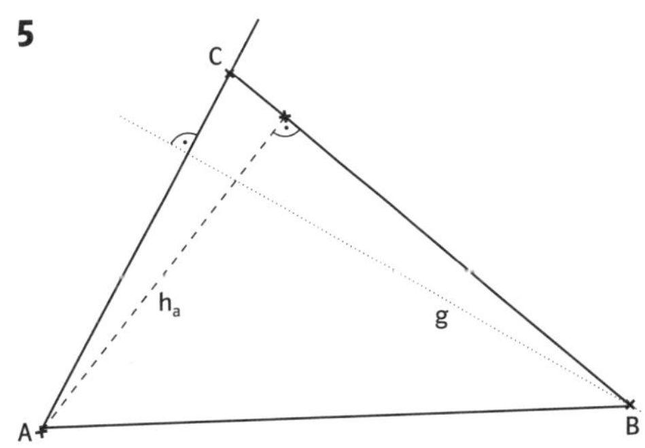

Konstruktion von Vierecken, Seite 59

1

b)

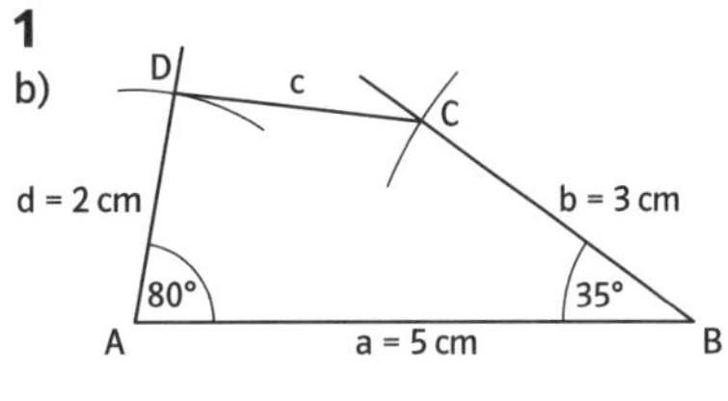

c) (1) A und B sind durch $\overline{AB} = 5\,cm$ gegeben.
(2) C liegt: 1. auf dem freien Schenkel des in B beginnenden Winkels von 35°
2. auf dem Kreis k(B; 3 cm)
(3) D liegt: 1. auf dem freien Schenkel des in A beginnenden Winkels von 80°
2. auf dem Kreis k(A; 2 cm)
(4) Die Punkte A mit D, D mit C und C mit B werden verbunden.

2

a) Es sind 2 Vierecke möglich.

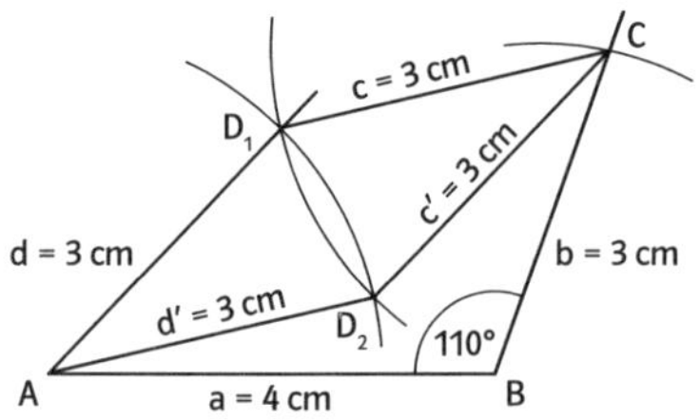

b) Es ist nur eine Konstruktion möglich, da durch die Vorgaben alle Seiten und Winkel eindeutig bestimmt sind.

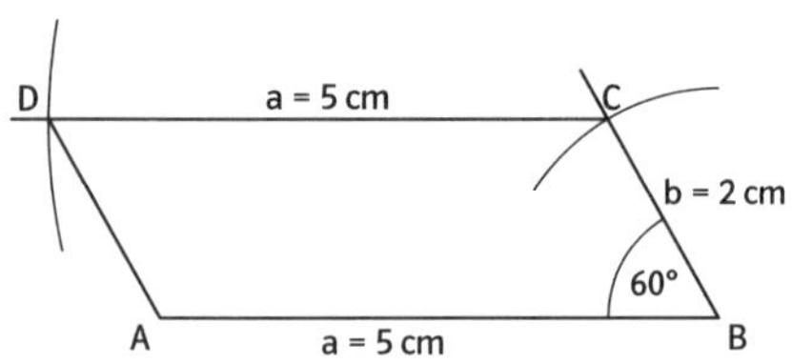

3

a) ja (das Rechteck hat 4 rechte Winkel)
b) ja (b = d; a = c)
c) nein (der Punkt C ist nicht definiert)
d) ja
e) ja (c || a)

Besondere Linien im Dreieck und Konstruktionen | Merkzettel, Seite 60

Text: Punkt; Umkreismittelpunkt; Abstand

Text: Schenkeln; Abstand

Text: Mittelpunkt; Seiten
Beispiele:

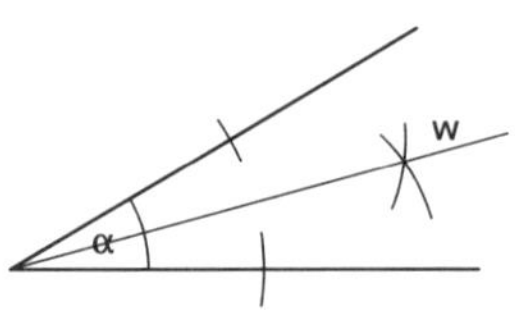

Text: Höhenschnittpunkt
Beispiele:

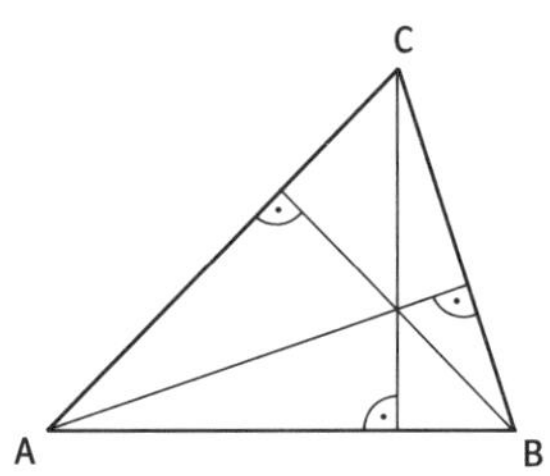

Text: Schwerpunkt
Beispiele:

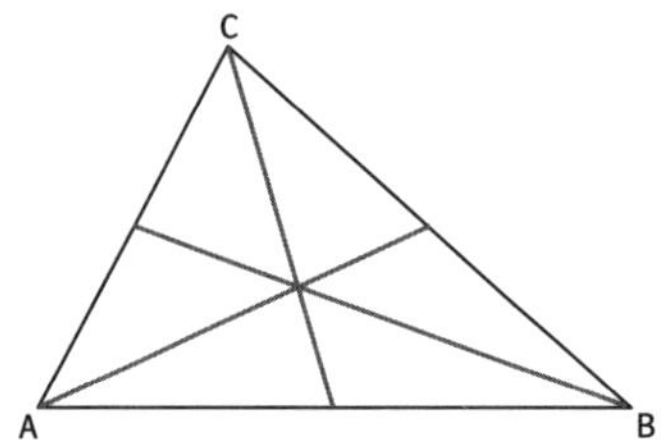

Text: fünf
Beispiele:

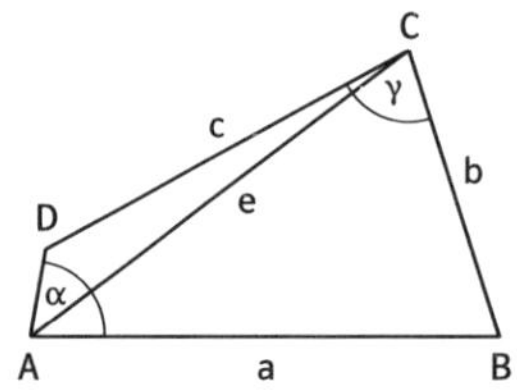

Üben und Wiederholen | Training 3, Seite 61

1

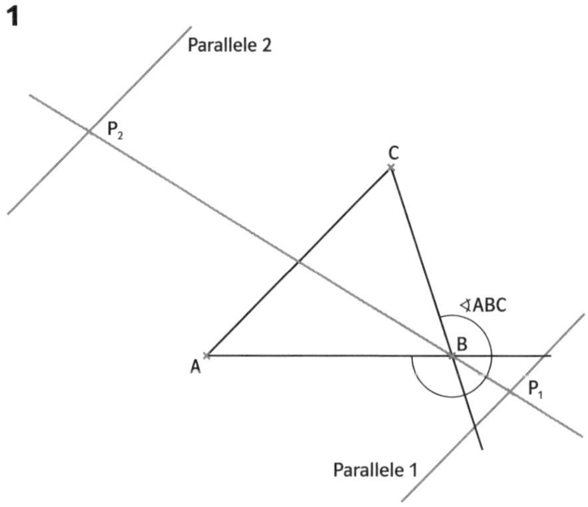

Die Punkte P_1 und P_2 sind 4 cm von der Strecke [AC] entfernt und haben von den Geraden [AB] und [BC] jeweils den gleichen Abstand.

2

a) Drache; δ = 115°; α = 40°
b) Trapez; α = 82°; β = 50°
c) Raute, da alle vier Seiten gleich lang;
α = 120°; β = 60°; γ = 120°
d) symmetrisches Trapez; α = 70°; γ = 110°; δ = 110°
e) Drachenviereck; β = 37°; δ = 37°
f) Drachenviereck; γ = 234°; δ = 32°

3

a) β = 64°   b) γ = 57°   c) α = β = 68°   d) β = γ = 40°

4

a) Würfel; 12 · a; Wert: 60 dm
b) Pyramide; 6 a + 6 · b = 6 · (a + b); Wert: 43,2 dm
c) Quader; 4 · a + 4 · b + 4 · c = 4 · (a + b + c); Wert: 37,2 dm
d) Prisma; 2 · a + 4 · b + 3 · c; Wert: 25,1 dm

Üben und Wiederholen | Training 3, Seite 62

5

a) richtig b) falsch; $2mn - 1{,}25n^2$

c) falsch; $-\frac{3}{2}yz - 6z^2 + 4z$ d) richtig

e) falsch; $4p - 3pq - 3q$ f) falsch; $9x^6y^3$

g) richtig

6

siehe Tabelle 1 am Seitenende

7

a) $3a^2 - 12a + 12$

b) $x^2 + 2xy + y^2 + x^2 - 2xy + y^2 = 2(x^2 + y^2)$

c) 0

d) $(a - b)(a + b) = a^2 - b^2$

8

a) $x = 1$ b) $x = 8$ c) $x = 11$ $1 + 8 + 11 = 20$

9

	Gleichung	Lösung
a)	$4 \cdot x = 124$	$x = 31$
b)	$x \cdot 14 = 70$	$x = 5$
c)	$x : 12 = 144$	$x = 1728$
d)	$0{,}4 \cdot x = 600$	$x = 1500$
e)	$3x \cdot (-2) = 120$	$x = -20$
f)	$\left(\frac{x}{4} + 20\right) \cdot 15 = 360$	$x = 16$
g)	$(x + 12)(19 - 4) = 345$	$x = 11$

Üben und Wiederholen | Traing 3, Seite 63

10

a) SSS b) SSS c) WSW d) SWS

11

Sorte A: 4 % verdorbene Birnen

Sorte B: ≈ 3,7 % verdorbene Birnen

Sorte B eignet sich etwas besser für die Lagerung.

12

b) 12 % und 43,2° c) 38 % und 136,8° d) 75 % und 270°

13

Konstruktionszeichnung:

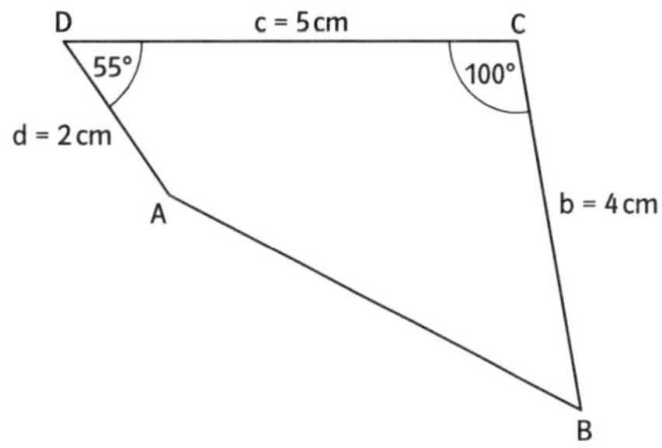

14

$r \approx 2{,}7\,cm$

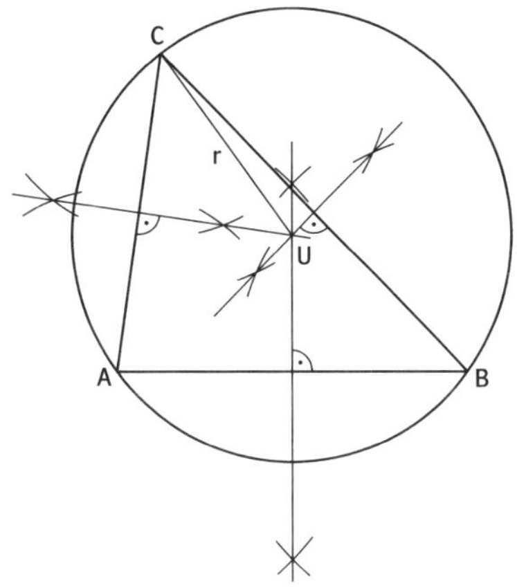

15

$p \approx 1{,}2\,cm$

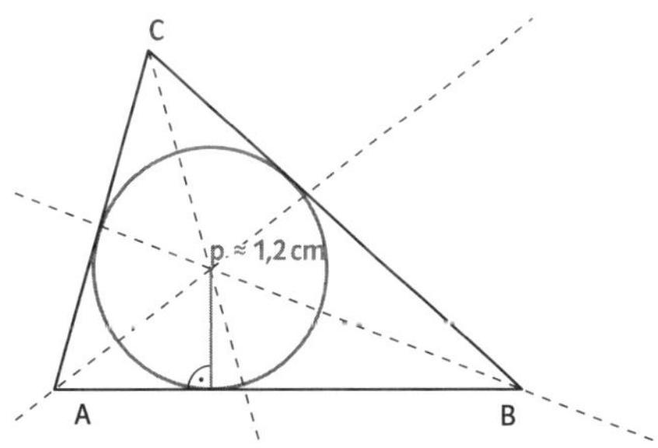

Tabelle 1

·	(y − 4)	(4xy + x)	(2xy + 3y + 2)
(2y − 2)	$2y^2 - 10y + 8$	$8xy^2 - 6xy - 2x$	$4xy^2 + 6y^2 - 4xy - 2y - 4$
(5x + 3y)	$5xy - 20x + 3y^2 - 12y$	$20x^2y + 5x^2 + 12xy^2 + 3xy$	$10x^2y + 15xy + 10x + 6xy^2 + 9y^2 + 6y$

Beilage zum Arbeitsheft Lambacher Schweizer 7 **ISBN:** 978-3-12-731566-0
ISBN: 978-3-12-731567-7

Zeichnungen/Illustrationen: media office gmbh, Kornwestheim; Dorothee Wolters, Köln
DTP/Satz: media office gmbh, Kornwestheim

1 Welche Lösung passt zu welcher Gleichung? Die Buchstaben auf den Verbindungslinien ergeben ein Lösungswort.

Gleichung	Lösung
$x \cdot \frac{2}{3} = 8$	$x = 3$
$13 = 3x + 4$	$x = -6$
$-1{,}5x + 7 = 1$	$x = 4$
$3x - 15 - x = 23$	$x = 11$
$x + 4 = -2$	$x = 12$
$x \cdot (-4) = -44$	$x = 19$
$-2x + 7 = -23$	$x = 15$

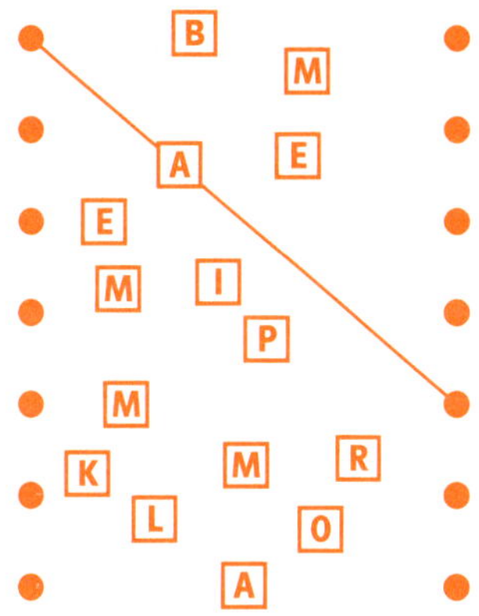

Lösungswort: A __ __ __ __ __ __ __

2 In einem Freigehege leben gleich viele Strauße und Wildschweine. Zusammen haben sie 204 Beine. Anzahl der Strauße bzw. der Wildschweine: x
Wie viele Strauße und wie viele Wildschweine leben in dem Gehege?

Tiere	Beine pro Tier	Anzahl der Beine
Strauße	2 Beine	$2 \cdot x$
Wildschweine	4 Beine	$4 \cdot x$

Gleichung: __________ = _____

____

$x =$ _____

3 Manuela geht einkaufen: Die Hose kostet viermal so viel wie die Mütze. Das T-Shirt bekommt sie für 15 €, das Skateboard für 45 €. Wie viel haben die einzelnen Einkäufe gekostet, wenn Manuela insgesamt 105 € ausgegeben hat?

Gleichung: __________ $x =$ _____

Preis der Mütze: _____ Preis der Hose: _____

Preis des T-Shirts: _____ Preis des Skateboards: _____

4 Beide Gleichungen sollen die gleiche Lösung haben. Ergänze die fehlenden Zahlen.

a) $3x = 12$ und ____ $\cdot\, x = 24$

b) $6x = -30$ und ____ $\cdot\, x = -15$

c) $\frac{1}{2}x = 10$ und ____ $\cdot\, x = 40$

d) $-45x = 135$ und ____ $\cdot\, x = 27$

5 Das Mobile ist im Gleichgewicht. Drücke das Gewicht der Dreiecke (d) durch das der Kreise (k) aus. Stelle dazu erst eine Gleichung auf und löse sie dann.

a)

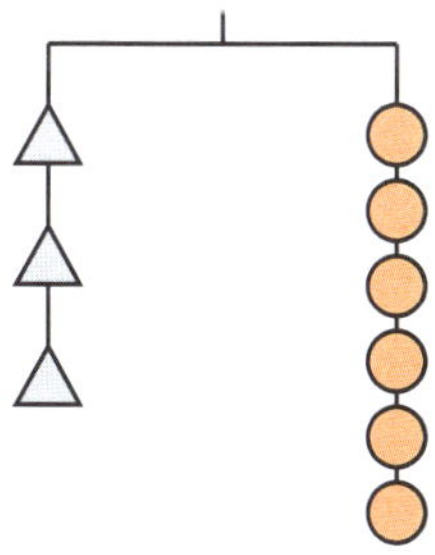

$3d = 6k$

$d =$ _____

b)

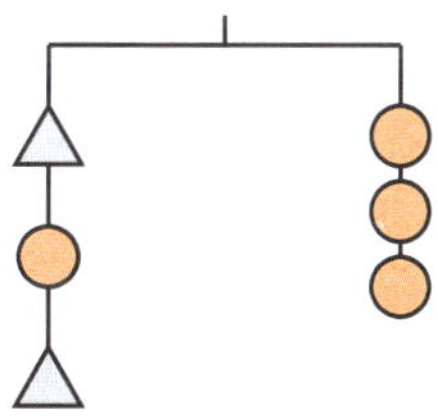

____

$d =$ _____

c)

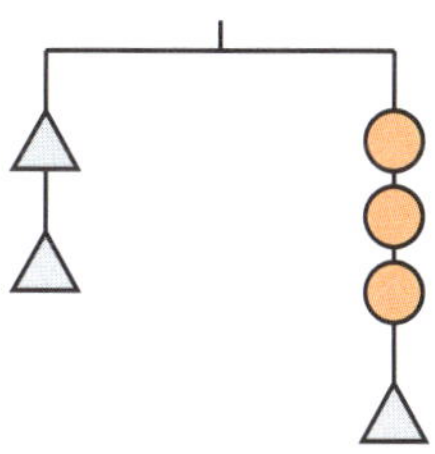

____

$d =$ _____

d)

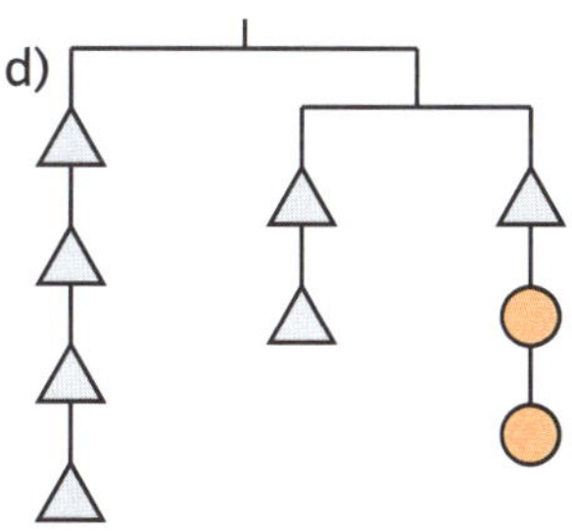

____

$d =$ _____

6 Löse die Gleichung grafisch durch Einzeichnen des linken und des rechten Terms der Gleichung.

a) $2x - 3 = -3x + 2$ $x =$ _____

$T_1(x) = 2x - 3$ $T_2(x) =$ _____

b) $x - 5 = 3 - x$ $x =$ _____

$T_3(x) =$ _____ $T_4(x) =$ _____

c) $-\frac{2}{3}x - 4 = 2{,}5 + 1{,}5x$ $x =$ _____

$T_5(x) =$ _____ $T_6(x) =$ _____

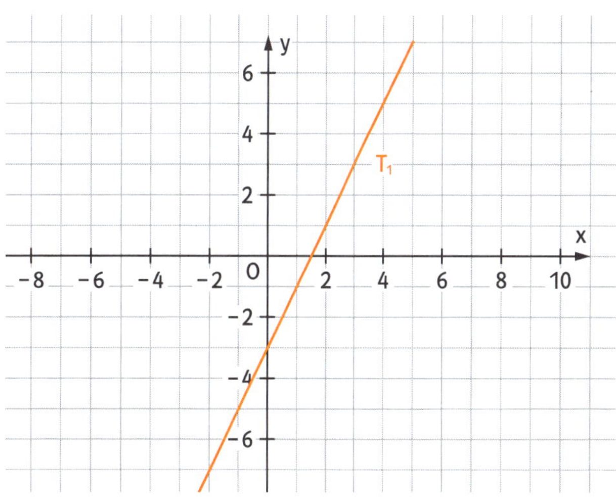

Gleichungen und Lösungen (2)

1 Unterstreiche alle Gleichungen, für die y = 5 die Lösung bildet. Die zugeordneten Buchstaben ergeben ein Lösungswort.

a) $7 + 6 \cdot y = 37$	G	b) $9 \cdot y - 39 = 7$	U	c) $1 + y = 6$	L	d) $4 + 3 \cdot y = 13$	R
e) $3 \cdot y - 6 = 9$	Ü	f) $4 + 5 \cdot y = 29$	C	g) $\frac{y}{2} + 2{,}5 = 5$	K	h) $2 \cdot y - 7{,}2 = 2{,}8$	S
i) $6 \cdot y - 23 = 7$	T	j) $2 + 5 \cdot y = 23$	O	k) $57 + 2 \cdot y = 67$	A	l) $8 \cdot y - 4 = 36$	G

Lösungswort: __ __ __ __ __ __ __ __ __

2 Löse die Aufgaben durch Probieren. Von jeder Lösung gibt die Zehnerstelle die Spalte und die Einerstelle die Zeile an. So findest du die Lösungsbuchstaben.

a) $3 \cdot x = 60$ x =

b) $\frac{x}{5} = 7$ x =

c) $21 + x = 63$ x =

d) $28 : x + 10 = 12$ x =

e) $13 + x = 67$ x =

f) $5 \cdot x + 2 = 57$ x =

	0	1	2	3	4	5
5	S	T	Z	I	L	A
4	A	H	L	P	Ö	O
3	U	E	M	I	F	P
2	O	R	T	H	P	T
1	P	P	I	K	H	U
0	A	N	H	D	K	G

Lösungswort: __ __ __ __ __ __

3 Das Mobile soll im Gleichgewicht sein. Welche der Werte oder Termwerte der Variablen s, y, t, z, x oder u kannst du in die Ovale einsetzen? Löse in deinem Heft durch Probieren.

a) $4 \cdot s + 5 = 27$ s =

b) $y : 8 + 12 = 15$ y =

c) $4 \cdot t - 6{,}2 = 5{,}8$ t =

d) $7 \cdot z - 13 = 22$ z =

e) $x : 12 - 4 = 0$ x =

f) $5 \cdot u + 18 = 38$ u =

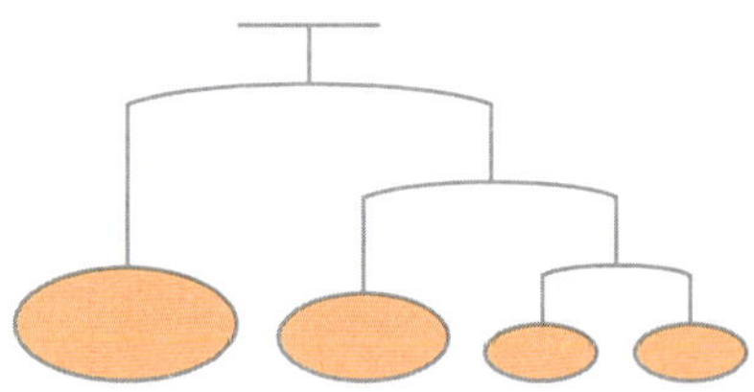

4 Der Flächeninhalt jeder dieser Figuren soll $72\,cm^2$ betragen. Stelle erst eine Gleichung auf und berechne dann den Wert für die fehlende Seite.

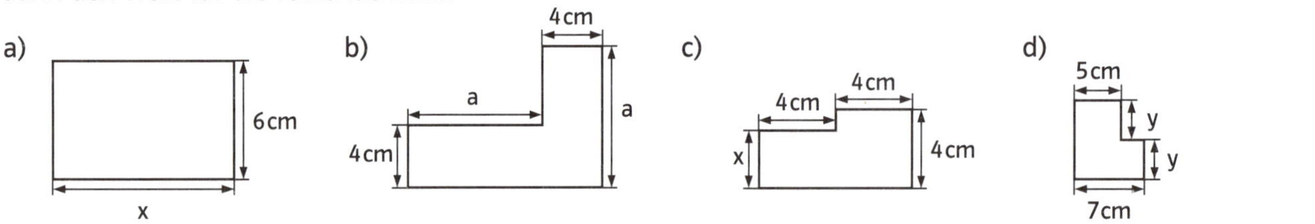

x = ______ a = ______ x = ______ y = ______

5 Michelle stellt ihrer Mutter ein Rätsel: „Insgesamt habe ich 10 € ausgegeben. Wenn du nun errätst, was mein schöner neuer Stift gekostet hat, darfst du ihn behalten."

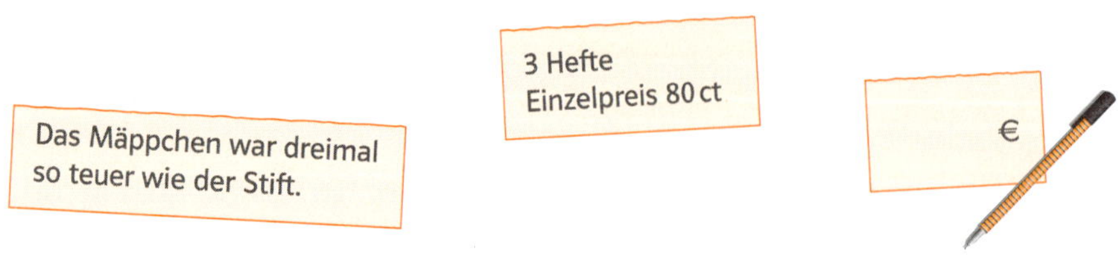

Stelle eine Gleichung auf und löse sie. ______________________________

1 Die Waage ist im Gleichgewicht. Löse wie im Beispiel.

a) 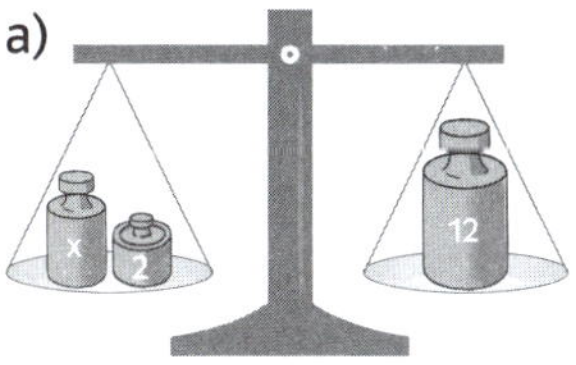

b) 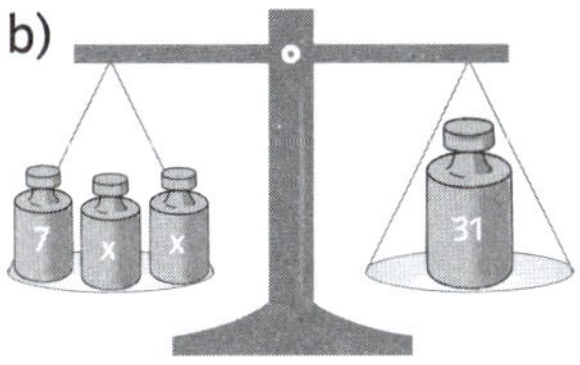

c) 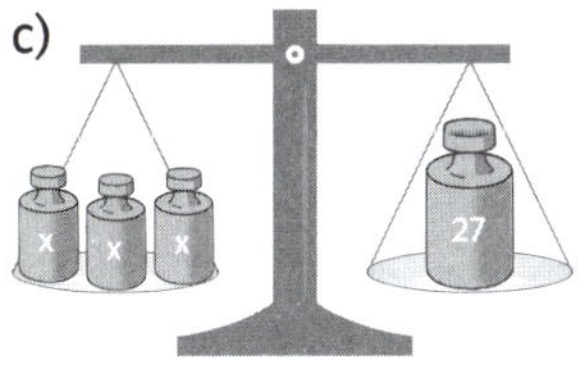

d) 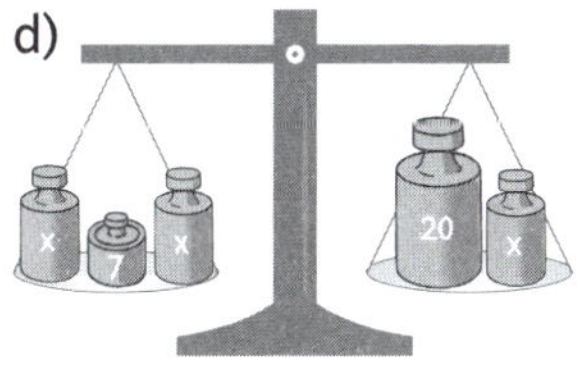

a) $x + 2 = 12$

$x = 10$

2 Stelle die Gleichung zeichnerisch dar. Schreibe die Lösung unter die Waage.

a) $3x + 3 = 12$

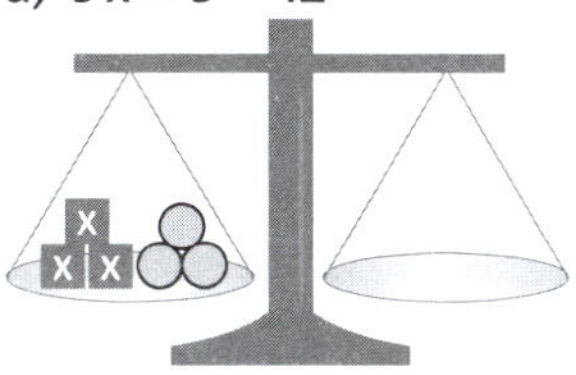

$x =$

b) $2x = x + 8$

$x =$

c) $2x + 12 = 3x + 8$

$x =$

d) $2(x + 1) = 12$

$x =$

3 Löse wie im Beispiel.

a) $x - 18 = 12 \quad | + 18$

$x = 30$

Probe: $30 - 18 = 12$

b) $z - 0{,}5 = -3{,}6$

Probe:

c) $y \cdot 4 = 32$

Probe:

d) $a : (-4) = 12$

Probe:

e) $\frac{1}{2}x \cdot 5 = 10$

Probe:

f) $b : \frac{1}{4} = -8{,}8$

Probe:

4 Löse die Gleichungen in deinem Heft. Male die Ergebnisfelder an.

a) $\frac{1}{3}x = 1$ $\quad x =$

b) $-\frac{x}{2} + 4 = -16$ $\quad x =$

c) $4x - 21 = 51$ $\quad x =$

d) $-4x + 3 = x + 18$ $\quad x =$

e) $0{,}5x - 4{,}9 = 8{,}6$ $\quad x =$

f) $x + \frac{1}{4} = -\frac{1}{4}$ $\quad x =$

g) $117 = 8x - 35$ $\quad x =$

h) $100 - 9x - 23 = 5 - x$; $\quad x =$

i) $1{,}8x - 97{,}8 = -2{,}4$ $\quad x =$

j) $0 = 0{,}5x - 12$ $\quad x =$

k) $12x + 17 - 6x = 77$ $\quad x =$

l) $\frac{1}{3} - \frac{1}{2}x = -\frac{1}{6}$ $\quad x =$

m) $69 = 18 + 12x - 9 - 9x$; $\quad x =$

n) $x + 4 = 2x - 1$ $\quad x =$

o) $\frac{70}{2} - x + \frac{28}{7} = \frac{81}{3}$ $\quad x =$

p) $-\frac{3}{4} - 3x = 5\frac{1}{4}$ $\quad x =$

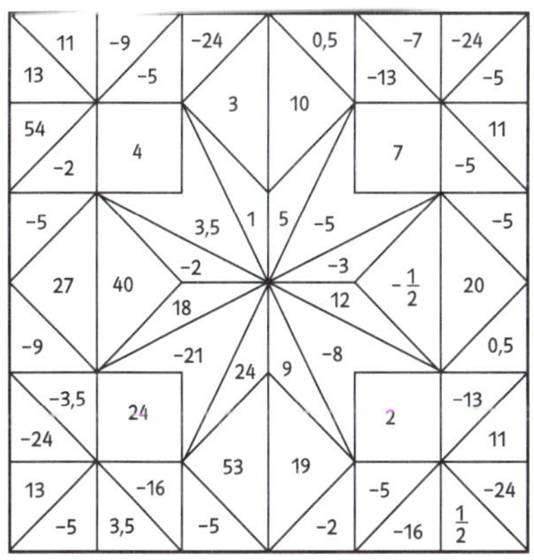

Tipp: Wenn du unsicher bist, führe die Probe durch.

5 a) Der PC kostet mit Monitor 650 €. Der Monitor kostet 300 € weniger als der Computer.

x steht für:

Gleichung:

Antwort:

b) Subtrahiere 1 vom Dreifachen der Zahl, nimm dann das Ergebnis mit 4 mal und du erhältst 32.

x steht für:

Gleichung:

Antwort:

Systematisches Lösen linearer Gleichungen (1)

1 Rahme die Fehler rot ein und schreibe die Verbesserung neben die Aufgabe.

a) $5x - 8 = -2 \quad |+8$
$5x = \boxed{-10} \quad |:5$ — $5x = 6 \quad |:5$
$x = \boxed{-2}$ — $x = \frac{6}{5}$

b) $-24 = \frac{1}{3}x + 21 \quad |-21$
$-45 = \frac{1}{3}x \quad |:3$ ______
$15 = x$ ______

c) $-16 - 2x = 38 \quad |+16$
$-2x = 54 \quad |:2$ ______
$x = 27$ ______

d) $4(x + 5) = 2(4x + 11) - 2 \quad$ |vereinfachen
$4x + 20 = 8x + 20 \quad |-4x$ ______
$20 = 4x + 20 \quad |-20$ ______
$40 = 4x \quad |:2$ ______
$x = 10$ ______

e) $2x + 20 = x - 24 \quad |-x$
$x + 20 = -24 \quad |-20$ ______
$x = -4$ ______

2 Löse die Gleichungen mithilfe von Äquivalenzumformungen. Schreibe die einzelnen Schritte neben die Gleichung.

a) $x - 12 = -8 \quad |$ ______

b) $\frac{1}{2} + x = -\frac{1}{2} \quad |$ ______

c) $x \cdot 4 = -10 \quad |$ ______

d) $6 - \frac{1}{2}x = 5 \quad |$ ______

e) $8x + 3 = 7 \quad |$ ______

f) $8x - 5x = -12 \quad |$ ______

g) $35 - (x + 6) = 22 \quad |$ ______

h) $\frac{x}{2} + 49 = -\frac{x}{8} - \frac{x}{4} \quad |$ ______

i) $2 \cdot (4x + 3) = 4x - 18 \quad |$ ______

3 Eine Seite eines rechteckigen Blumenbeets ist 3 m länger als die andere.

a) Wie lang darf die kürzere Seite sein, wenn der Umfang mindestens 62 m beträgt? Tipp: Nenne die kürzere Seite x. Dann lautet der Term für die längere Seite: ______. Nun überlegst du, wie du den Umfang eines Rechtecks bestimmst und los geht's.

Ungleichung: ______ x ______

b) Wie lang darf sie höchstens sein, wenn der Umfang 64 m nicht überschreiten soll?

Ungleichung: ______ x ______

4 Die CD kostet die Hälfte der DVD. Zusammen kosten sie 30 €.

Gleichung: ______

Antwort: ______

5 Stelle die Gleichung auf und löse sie. (Tipp: Beschrifte erst die Planskizze.) Ein Rechteck ist doppelt so lang wie breit. Sein Umfang beträgt 102 cm. Berechne Länge und Breite.

Planskizze:

Gleichung: ______

1 Löse die Gleichung und führe die Probe durch. Notiere auch die Äquivalenzumformungen, die du zur Lösung der Gleichungen gebraucht hast (siehe Beispiel). In a) musst du nur noch die Lücken füllen.

Gleichung	a) $4x - (5 + 2x) = 2 - (1 - x)$		b) $x - 3\left[\left(4 - \frac{5}{3}x\right) + x\right] = 2(x - 1)$
Lösungsschritte	$4x - 5 - 2x = 2 - (1 - x)$	| Klammern auflösen	
	$4x - 5 - 2x =$	| zusammenfassen	
		| $-x$	
		| $+5$	
Lösung	$x =$		
Probe	$4 \cdot 6 - (5 + 2 \cdot 6) = 7$ $7 = 7$		

2 Löse die Gleichung mithilfe von Äquivalenzumformungen. Die Lösungen zeigen dir den Weg zu einem **Lösungswort:** __ __ __ __ __ __.

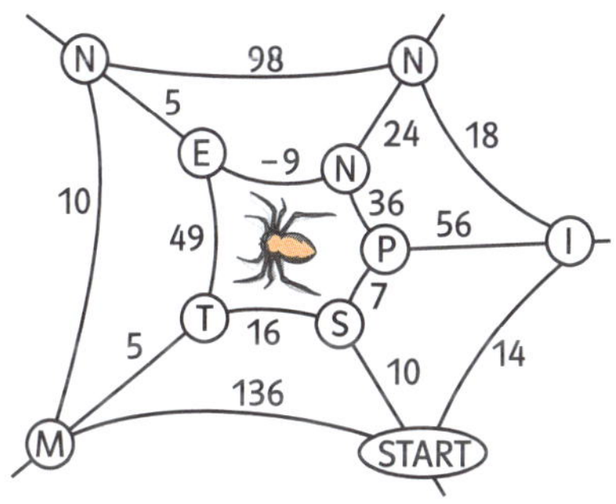

a) $\frac{a}{2} = 5$ |

b) $\frac{1}{3} = \frac{x}{21}$ |

c) $\frac{3}{8}b = 21$ |

d) $\frac{x}{4} + \frac{x}{6} = \frac{15}{2}$ |

e) $\frac{z}{2} - \frac{z}{3} - \frac{z}{4} = -2$ |

f) $0{,}25(6 + 4y) - 4 - 2y = 6{,}5$

3 Sehr große VLCC-Schiffe (very large crude carrier) können 300 000 t Rohöl aufnehmen. Sieben kleine Küstentanker werden mit diesem Öl beladen. Es bleiben 20 000 t Öl übrig. Wie viel Öl kann ein Tanker aufnehmen? Stelle eine Gleichung auf.

4 Elvira hat Gleichungen gelöst. Überprüfe, ob sie richtig gerechnet hat. Führe dazu die Probe durch.

Gleichung	a) $35 - (x + 6) = 22$	b) $\frac{3 - a}{3} = 1 - \frac{2 + a}{6}$	c) $10z - 18 - (7z - 24) = (8z + 46) + (30 - 12z)$
Lösung	$x = 7$	$a = 4$	$z = 10$
Probe			
Bewertung	☐ richtig ☐ falsch	☐ richtig ☐ falsch	☐ richtig ☐ falsch

1 Herr Klug und Herr Schlau möchten sich treffen. Da sie 540 km voneinander entfernt wohnen, fährt Herr Klug bereits um 8 Uhr los. Gemächlich fährt er mit seinem alten Auto 60 km pro Stunde. Herr Schlau startet erst zwei Stunden später, fährt aber durchschnittlich 80 km pro Stunde.

a) Wie lang ist Herr Klug unterwegs, bis sich die beiden treffen?

Herrn Klugs Fahrzeit in Stunden: x ______ Herrn Schlaus Fahrzeit in Stunden: ______

Zurückgelegter Weg von Herrn Klug ______ und von Herrn Schlau ______

Zusammen haben sie nach x Stunden ______ Kilometer

zurückgelegt. Gleichung: ______

______

Antwort: ______

b) Wie viel Kilometer hat Herr Schlau dann zurückgelegt?

______

2 Zum Leerpumpen eines Bades benötigt Pumpe A acht Stunden.

a) Ergänze die Werte für Pumpe A in der Tabelle.

b) Zeichne den Graphen für Pumpe A.

c) Mit Pumpe B kann das Schwimmbad in vier Stunden geleert werden. Trage die Werte in die Tabelle ein und zeichne den Graphen.

Füllung (in m^3)	Zeit Pumpe A (in h)	Zeit Pumpe B (in h)
2000	0	0
1500		
1000		
500		
0		

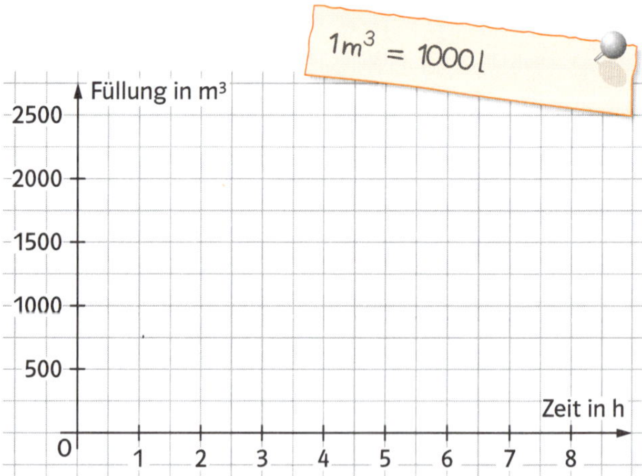

d) Zunächst wird Pumpe B angeschlossen, sie schafft pro Stunde ______ Liter. Nach einer Stunde wird Pumpe A zusätzlich angeschlossen, die pro Stunde ______ Liter abpumpt. Auf diese Weise ist das Bad nach ______ Stunden leer gepumpt. Zeichne den Graphen.

3 a) Torsten hat bei den Bundesjugendspielen doppelt so viele Punkte wie sein Freund Andreas. Zusammen kommen sie auf 1950 Punkte.

Wenn Andreas x Punkte erreicht hat, dann hat Torsten ______ Punkte.

Zusammen haben sie ______ Punkte. Gleichung: ______

Antwort: ______

b) Nach 11 Spieltagen hat Bayern München 19 Punkte erreicht (Saison 2009/2010). Die Mannschaft hat einmal mehr gewonnen (3 Punkte) als unentschieden (1 Punkt) gespielt.
Wie oft haben sie gewonnen, verloren und unentschieden gespielt?
Stelle eine Gleichung auf und bestimme die Lösung.

x steht für ______

Gleichung: ______

______

Die Bayern haben ______ Spiele gewonnen, ______ verloren und ______ unentschieden gespielt.

Fülle die Lücken. Für jeden Buchstaben findest du einen Strich. Schlage in deinem Buch nach, wenn du dir nicht sicher bist. Löse dann die Beispielaufgaben.

Gleichungen

Eine Gleichung besteht aus zwei Termen bei denen mindestens in einem eine Variable vorkommt und die durch das

_ _ _ _ _ _ _ _ _ _ _ _ _ _ _ _ _ _ miteinander verbunden sind.
Einsetzungen für diese Variablen, die die Gleichung in eine wahre Aussage überführen, nennt man Lösung der Gleichung.

- $2 \cdot x - 3 = 15$
  $x + 3 = 18 - 2x$
- $2 \cdot 9 - 3 = 15;\quad x = 9$
  $5 + 3 = 18 - 2 \cdot 5;\quad x = 5$

Äquivalenzumformungen

Um die Lösung zu finden, formt man die Gleichung – meist in mehreren Schritten – so lange um, bis auf der einen Seite nur noch die Variable steht.
Diese Umformungen heißen _ _ _ _ _ _ _ _ _ _ -umformungen.
Dabei darf man
- auf beiden Seiten den gleichen Term addieren/subtrahieren.
- beide Seiten mit dem gleichen Term (außer mit 0) multiplizieren.
- beide Seiten durch den gleichen Term (außer durch 0) dividieren.

$3x + 7 = 23 + x$ | ____

$2x + 7 = 23$ | ____

$2x =$ ____ | ____

$x =$ ____

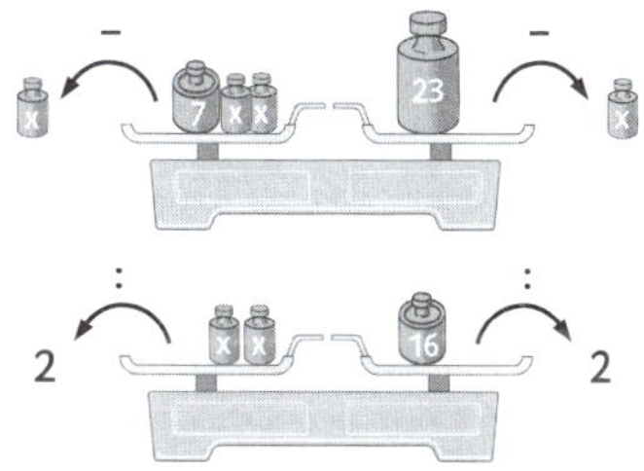

- $8x - (5 + 2x) = 3(x + 3) + 1$

____ = ____

____ = ____ | ____

____ = ____ | ____

____ = ____ | ____

$x = 5$

Probe:

$40 - (5 +$ ____ $) = 3 \cdot 8 + 1$

____ = ____

Lineare Gleichungen (mit einer Variablen)

Jede Gleichung mit einer Variablen, die sich durch Term- bzw. Äquivalenzumformungen in eine Form ohne Klammern bringen lässt,

in der die _ _ _ _ _ _ _ _ alleine bzw. als Faktor eines Produktes steht (z. B. $4 \cdot x$), heißt lineare Gleichung.

- Kreuze lineare Gleichungen an.

☐ $3x - 8 = x$

☐ $2x + 7 = x + 2x$

☐ $2x^2 + x = 4$

Lösungsverfahren für lineare Gleichungen

Jede lineare Gleichung mit einer Variablen lässt sich durch Term- bzw. durch Äquivalenzumformungen in eine Form bringen, in der die Variable nur noch auf einer Seite des Gleichheitszeichens vorzufinden ist und dort alleine bzw. als Faktor eines Produktes steht. Im letzteren Fall muss die Gleichung nur noch durch den anderen Faktor des Produktes dividiert werden.

Anschließend führt man mit der gefundenen Lösung die _ _ _ _ _ durch.

- $4(2 + x) = (2x - 3) \cdot 5 - 1$

____ = ____ | ____

____ = ____ | ____

$x =$ ____

Probe: links ____ = ____

rechts ____ = ____

Gleichungen in Anwendungssituationen

Mit Hilfe von linearen Gleichungen lassen sich Anwendungsaufgaben meist in vier Schritten lösen:

1. Festlegen einer geeigneten _ _ _ _ _ _ _ _ _ _ .
2. Textaussage in mathematische Gleichung übersetzen.
3. Lösen der aufgestellten Gleichung.
4. Formulieren und Überprüfen der Lösung.

- Die Hälfte des Dreifachen einer Zahl vermindert um 7 ergibt 0,5.

1. ____ sei die gesuchte Zahl.
2. ____ $- 7 = 0{,}5$
3. Lösung: ____ = ____
4. Die gesuchte Zahl lautet ____ .

1 Bestimme alle fehlenden Winkel.

α = ______

β = ______

γ = ______

δ = ______

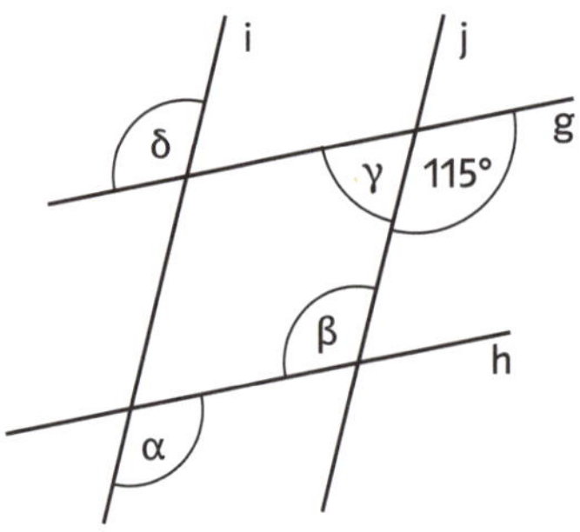

g || h und i || j

2 Spiegle die Figur je einmal an der Geraden g und am Punkt Z.

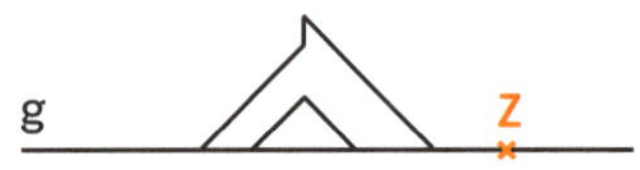

3 a) In der Figur ist der Drachen CDEI versteckt. Färbe seine Seiten.
b) Notiere alle Drachen, die du in der Figur entdeckst.

Drachen: ______________________________

c) Markiere ein in der Figur verborgenes Parallelogramm ebenfalls farbig und notiere alle zu findenden Parallelogramme.

Parallelogramm: ______________________________

d) Suche alle weiteren besonderen Vierecke.

______________ : ______________________________

______________ : ______________________________

______________ : ______________________________

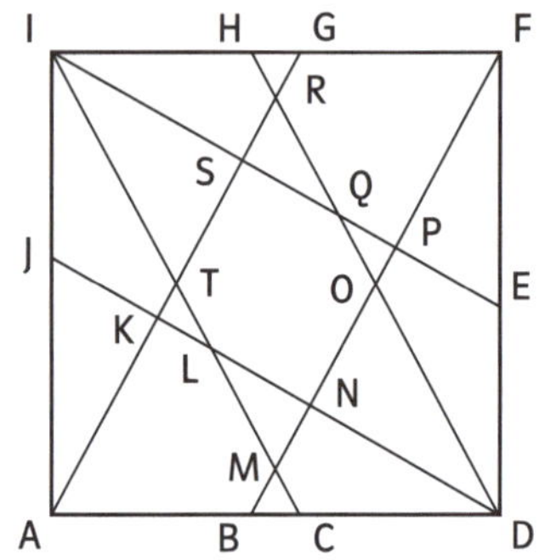

4 Elfriede und Stefanie sind gute Freundinnen. Sie wohnen beide nebeneinander an der Baumallee. Elfriedes Vater ist Mathematiklehrer und hat eine Überraschung für die beiden versteckt. Er verrät nur, dass der Ort des Verstecks von beiden Häusern gleich weit entfernt ist. Zugleich gilt noch, dass der Ort von beiden Teilstücken der Baumallee gleich weit entfernt ist.
Wo liegt das Versteck? Konstruiere den Punkt.
Wie weit ist es von den Häusern entfernt?

______________ m

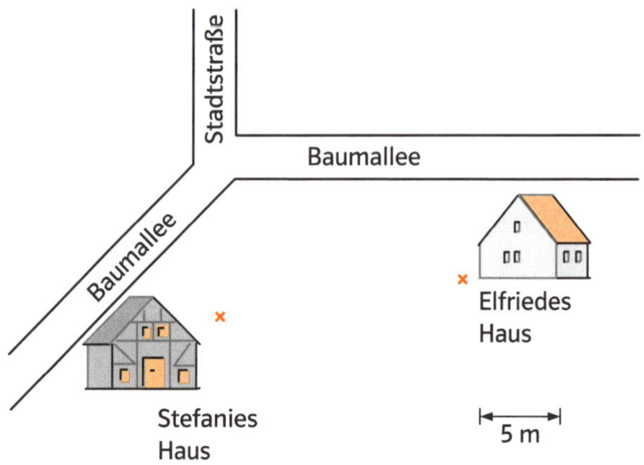

5 Setze für $x = 5$ und für $y = 4$ ein. Berechne dann die Terme.

a) $8 \cdot x + 5 - 3 \cdot y + 14 - 11 \cdot y + 3 \cdot x$

= ______________________________

= __________

b) $11 - (2 \cdot x) + 8 + 5 \cdot y - (6 + x) + 4 \cdot y - 12$

= ______________________________

= __________

6 Stelle eine Gleichung auf. Bestimme x.

a) Subtrahiere ich das Doppelte einer Zahl von 36, so erhalte ich 18.

______________________ = __________ ; x = ______

b) Addiere ich zum Dreifachen meiner Zahl die 6 und dividiere das Ergebnis durch 9, so erhalte ich 3.

______________________ = __________ ; x = ______

7 Vereinfache die Terme und verbessere die falschen Werte.

Term	vereinfachter Term	Wert des Terms für			
		$x = 1$	$x = -2$	$x = 3$	$x = \frac{1}{2}$
$2x - 4x - 1 + 5x$		2	7	8	0,5
$1 + 3{,}6 \cdot x - 2x$		2,6	−2,2	4,8	1,8
$\frac{1}{2} + 1{,}5x + 6 + 2{,}5x$		11,5	−1,5	18,5	8,5
$\frac{1}{2}x - 1{,}2 - \frac{3}{4}x$		−1,45	7	−1,95	1,325
$\frac{5}{6}x - \frac{1}{3}x - 4x$		3,5	7	−10,5	−1,75

8 Stelle zuerst einen Term für die Gesamtsumme der Kantenlängen auf. Vereinfache ihn dann.

a) 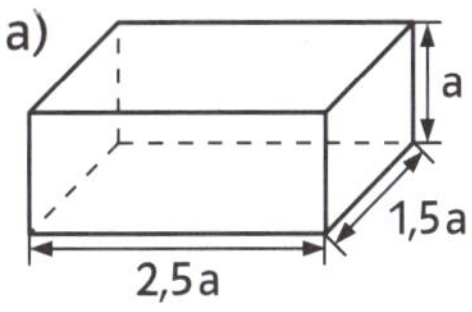

b) 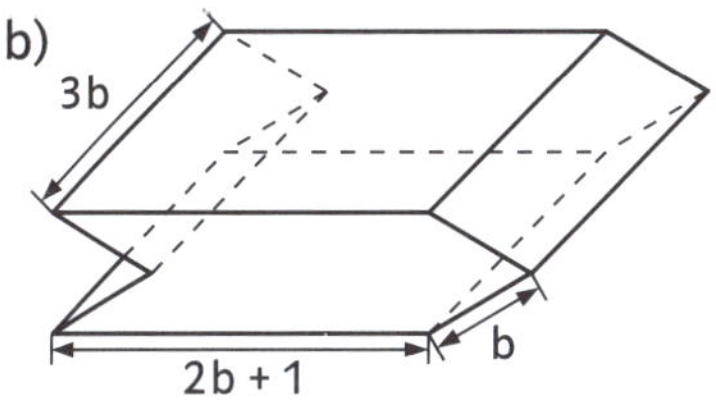

a) ____________________

____

b) ____________________

____

9 Vereinfache die Terme so weit wie möglich.

a) $5 \cdot (4a - 5) + 4 \cdot (2a - 4) =$ ____________

b) $7 \cdot (x + 3) + 3 \cdot (4x - 12) =$ ____________

c) $12 \cdot (3b + 1) - 14(b + 3) =$ ____________

d) $5 \cdot (3r + 12) - 6 \cdot (5r - 12) =$ ____________

e) $\frac{1}{2} \cdot (3p - 7) + 1{,}8 \cdot (2p + 4) =$ ____________

f) $20 + 5m - [3m - 2 \cdot (m - 1)] =$ ____________

10 Verwandle in ein Produkt.

a) $12x^2y - 4xy =$ $4xy \cdot ($ ____________

b) $45ab^2 + 18ab - 27b =$ ____________

c) $-24pq + 8p^2 - 32p^2q =$ ____________

d) $60xy + 12x^2y - 36xy^2 =$ ____________

e) $-27abc^2 + 18bc^2 - 36abc =$ ____________

f) $144n^2m + 84n^2m^2 - 36n^2 =$ ____________

11 Löse die Aufgabe, indem du zuerst eine Gleichung aufstellst: ____________

Addiert man zum Doppelten einer Zahl 4 und multipliziert das Ergebnis mit 2, so erhält man 7 weniger als das 9-Fache der Zahl.

____

____

12 Berechne die Variable durch Äquivalenzumformungen. Die Summe aller Lösungen ergibt 6,1.

a) $x \cdot 2 + 3 = 14{,}2$ | -3
$x \cdot 2 = 11{,}2$ | $:2$
$x =$ 5,6

b) $0{,}5x \cdot 3 + x = \frac{1}{2}x + 6$ | ____
____________ | ____
$x =$ ____

c) $-3x + 32 = 20$ | ____
____________ | ____
$x =$ ____

d) $3 - (2x + 1) = 20$ | ____
____________ | ____
____________ | ____
$x =$ ____

e) $\frac{1}{3}x + \frac{1}{3} = \frac{2}{3}$ | ____
____________ | ____
$x =$ ____

f) $-2x + 2 = (x - 2) \cdot 2$ | ____
____________ | ____
____________ | ____
$x =$ ____

1 In dem Diagramm ist die Anzahl der Besucherinnen und Besucher der Loveparade von 1989 bis 2007 dargestellt. Beantworte anhand des Diagramms die folgenden Fragen:

a) Wie oft kamen weniger als 200 000 Besucherinnen und Besucher? ________ .

b) ________ kamen erstmals eine halbe Million Besucherinnen und Besucher.

c) Die Steigerung vom Vorjahr zu 1990 betrug ________ %.

d) Im Jahr ________ kamen erstmals über eine Millionen Besucherinnen und Besucher. Das ist eine Steigerung zum Vorjahr um ______ %.

e) Ist die Anzahl von 1 000 000 auf 100 000 gerundet, so kamen mindestens ________ und höchstens ________ Besucherinnen und Besucher.

f) Bis 2007 fand die Loveparade in Berlin _____-mal statt.

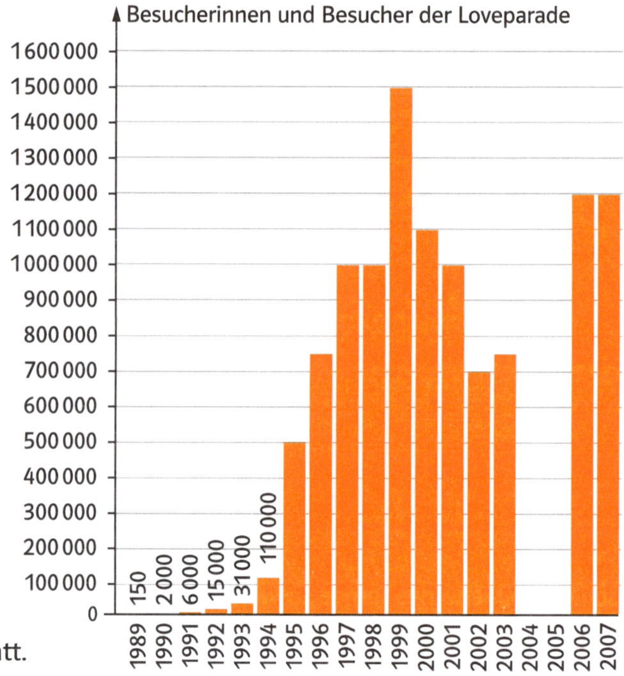

2 In der Klasse 7c haben die Schülerinnen und Schüler diese Körpergrößen:

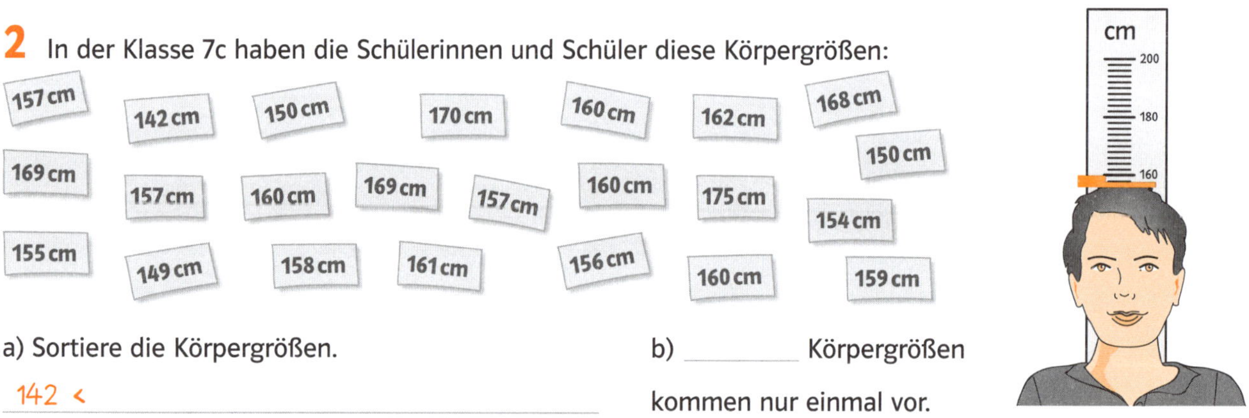

a) Sortiere die Körpergrößen.

142 <

b) ________ Körpergrößen kommen nur einmal vor.

c) Der Wert mit der größten Häufigkeit ist _____ cm.

d) Der kleinste Wert ist _____ cm.

e) Der größte Wert ist _____ cm.

3 In dem Schaubild ist die Fahrt eines Zuges von Bad Harzburg nach Hannover grafisch dargestellt.

a) Erstelle aus diesem „grafischen Fahrplan" die entsprechende Fahrplanspalte.

Bad Harzburg	ab	
Goslar	an	
	ab	
Hildesheim	an	
	ab	
Hannover	an	

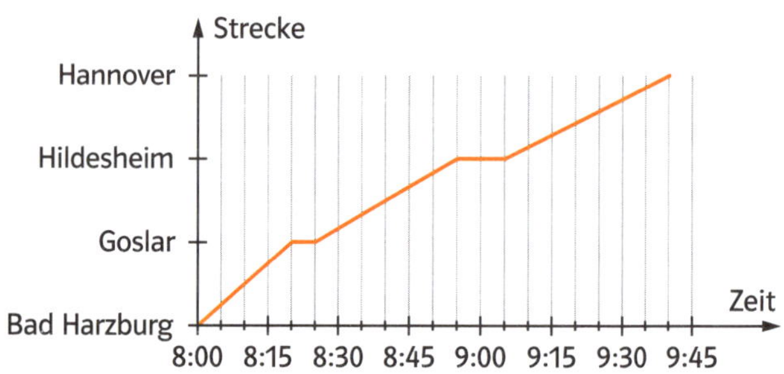

b) Wie lange hält der Zug in Goslar? ________

c) Wo hält der Zug am längsten? ________

d) Zwischen welchen Orten fährt der Zug am schnellsten? ________

e) Wie lang ist der Zug insgesamt unterwegs und wie viel davon ist die reine Fahrtzeit (ohne Haltezeiten)?

____

1 Trage jeweils die Zahlen in den Zahlenstrahl ein. Schätze den Mittelwert der Zahlen und markiere ihn grün. Berechne den Mittelwert anschließend und markiere ihn rot.

a) 26, 28, 33, 35, 72, 78, 85

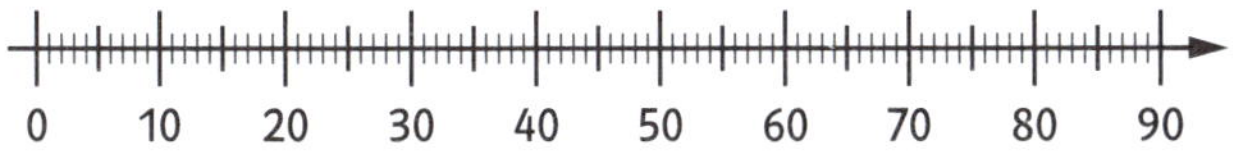

b) −235, −213, −200, −170, −167, −165, −152

2 Ergänze die Zahlenreihe so, dass als Mittelwert jeweils 75 herauskommt.

20 310 87,3 78,4 0,4 −3,4 340 −68,2

a) ____; 47; 63; 65; 80; 100; 150

b) −4; 2; 10; 27; ____

c) −1,2; −0,3; 40; ____; 125,2; 199

3 Um das Gleichgewicht zu halten, muss der Auflagepunkt am Mittelwert der Standpunkte für die gleichschweren Gewichte liegen.

a) Beschrifte zunächst alle Gewichte an der Zahlenwaage.

b) Bestimme dann den Auflagepunkt als Dreieck ▲ und zeichne ihn ein.

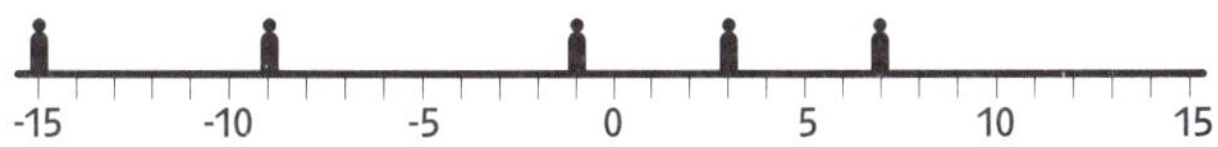

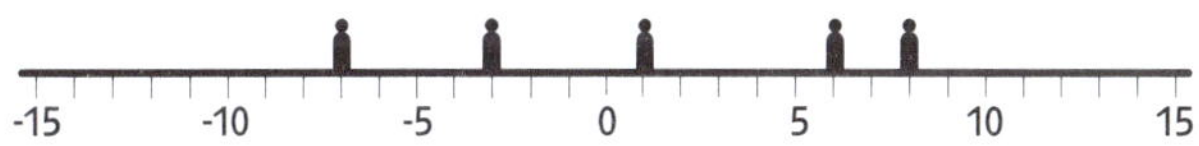

△ = Auflagepunkt

4 Herr Schneider ist beruflich viel unterwegs. Nach jeder Tankfüllung hat er den Kraftstoffverbrauch seines PKWs notiert.

a) Im Monat Februar hat er 5,1 l, ______, ______, ______, und ______ pro 100 km verbraucht.

Berechne den Mittelwert (________) und trage diesen in den Zahlenstrahl ein.

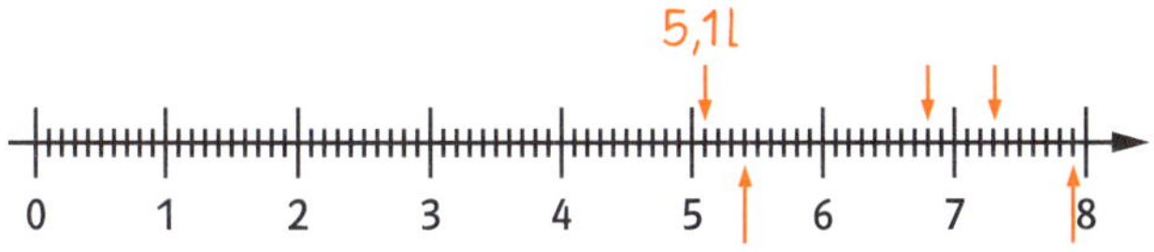

b) Im März betrug sein Verbrauch 4,9 l, 5,3 l, 6,2 l, 7,2 l und 5,4 l. Trage die Werte wie auch den berechneten Mittelwert (________) in den Zahlenstrahl ein.

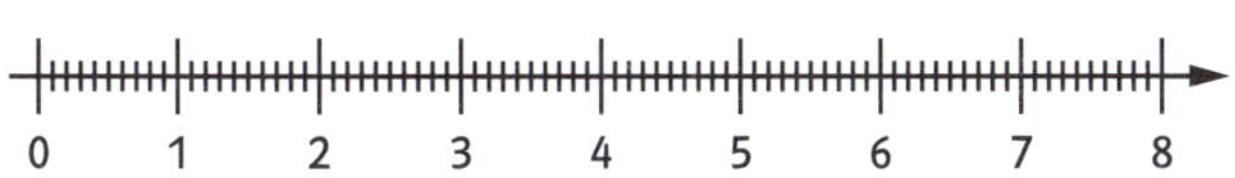

c) Im Monat Februar liegen ______ Werte über dem Mittelwert, im Monat März sind ______ Werte größer als der berechnete Mittelwert.

5 In einem Krankenhaus einer kleinen Stadt notieren die Schwestern jede Woche die Geburtsgewichte der Babys.

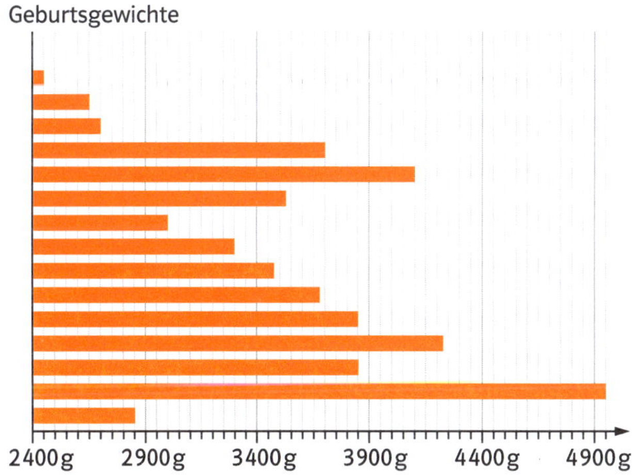

a) Berechne den Mittelwert der Geburtsgewichte: ______________ g

(Beachte dabei, dass aus Platzgründen die x-Achse erst bei 2400 g beginnt.)

b) ____ Babys wogen zwischen 2 kg und 3 kg, ____ Babys hatten ein Gewicht zwischen 3001 g und 4 kg, ____ Babys wogen über 4000 g.

c) Trage dein eigenes Geburtsgewicht ein.

1 436 Paare mit Kindern im Alter von 0 bis 18 wurden gefragt: „Geben Sie Ihrem Kind ein regelmäßiges Taschengeld?"

a) Berechne den Prozentwert bzw. den Prozentsatz. Runde den Prozentsatz auf ganze Prozent.

235 gaben an, dass ihre Kinder ein regelmäßiges Taschengeld bekommen:

____________________ %

144 sagten, dass ihre Kinder kein regelmäßiges Taschengeld erhalten:

____________________ %

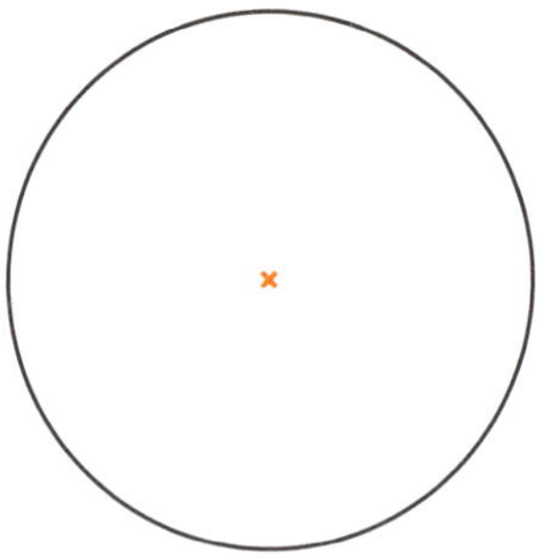

11 % gaben gelegentlich Taschengeld: ____________ Befragte.

Der Rest machte keine Angaben: ____________, das entspricht ____________ %.

b) Erstelle ein Kreisdiagramm.

c) In einer Presseerklärung dazu heißt es „Zwei Drittel aller Paare zahlen ihrem Nachwuchs regelmäßig Taschengeld". Äußere dich dazu: ____________

____

2 Marie hat Aufgaben zur Prozentrechnung gelöst. Prüfe ihre Lösungen und korrigiere gegebenenfalls.

	Prozentsatz	Grundwert	Prozentwert	Korrektur
a)	2 %	250 €	3 €	5 €
b)	135 %	1233 kg	1541,25 kg	
c)	17,5 %	3000 m	525 m	
d)	30 %	20 $	6,08 $	
e)	1,75 %	60 €	1 €	
f)	130 %	40	58,5	

3 Stefan hat sein Konto ein Jahr lang überzogen. Er muss dafür 280 € Zinsen bezahlen. Um wie viel Euro war das Konto überzogen, wenn der Überziehungs-Zinssatz 14 % beträgt?

x steht für den gesuchten ____________ .

14 % · x = ______ €.

0,______ · x = ______ € | ______

x = ______

4 Der Händler erhöht seine Preise um 4 %. Eine Jeans kostet nun 49,40 €.

49,40 € sind ______ % des alten Preises x:

______ % · x = 49,40 € | ______

x = ______ €. Die Jeans hat vor der Preiserhöhung ______ € gekostet.

5 Familie Schmidt bezahlt monatlich 120 € für Strom. Jetzt werden die Strompreise um 3 % erhöht.

a) Wie viel Euro wird die Familie voraussichtlich monatlich mehr bezahlen müssen?

100 % entsprechen 120 €, d. h. 3 % entsprechen ______ €. Die Familie bezahlt monatlich ______ € mehr.

b) Jährlich muss Familie Schmidt voraussichtlich ____________ € mehr bezahlen.

6 Ein Geschäft wirbt mit 15 % Rabatt. Auf dem Preisschild für den Gartenstuhl steht der alte Preis von 78 €.

a) Wie viel sparst du pro Gartenstuhl? ____________ €

b) Wie viel muss man für vier Gartenstühle bezahlen?

____________________ €

Die Grundgleichung der Prozentrechnung (2)

1 Klaus spart für eine Stereoanlage. Er hat schon 60 % zusammen. Jetzt fehlen ihm nur noch 132 €.

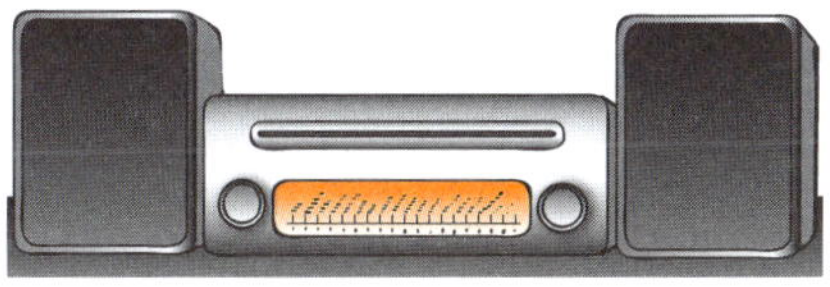

Klaus fehlen noch ______ %. Die Stereoanlage kostet ______ €.

Klaus hat schon ______ € gespart.

2 Matthias, Paula, Steffen und Ayla wollen eine Übersicht über den Fettgehalt von Knabberartikeln erstellen. Sie finden im Internet eine Tabelle, in der der Fettgehalt in Prozent angegeben wird.
a) Berechne den Fettgehalt in g und trage ihn ein.
b) Laut medizinischem Ratschlag sollen Erwachsene höchstens 30 % ihres Kalorienbedarfs pro Tag in Form von Fett zu sich nehmen. Bei einem Mann entspricht das ca. 80 g Fett, bei einer Frau 60 g Fett.

Das sind pro Tag weniger als ______ kleine Chipstüten für einen Mann und ______ für eine Frau.

Tüte mit	Knabberartikel	Fettgehalt	
40 g	Salzstangen	0 %	g
100 g	Cracker	11 %	g
100 g	Popcorn	8 %	g
150 g	Erdnusslocken	24 %	g
50 g	Kartoffelchips	34 %	g
50 g	Erdnüsse	50 %	g
200 g	Macadamianüsse	72 %	g

3 Ein Geschäft hat einige seiner Artikel im Preis herabgesetzt. Berechne jeweils die Ersparnis oder den Rabatt sowie den neuen Preis.

alter Preis	Rabatt	Ersparnis	neuer Preis
99,90 €	10 %		
39,90 €	30 %		
19,90 €	20 %		
21,90 €		6,57 €	

4 Eine Fläche ist in mehrere Teilflächen zerlegt worden. Berechne die dazugehörigen Prozentsätze.

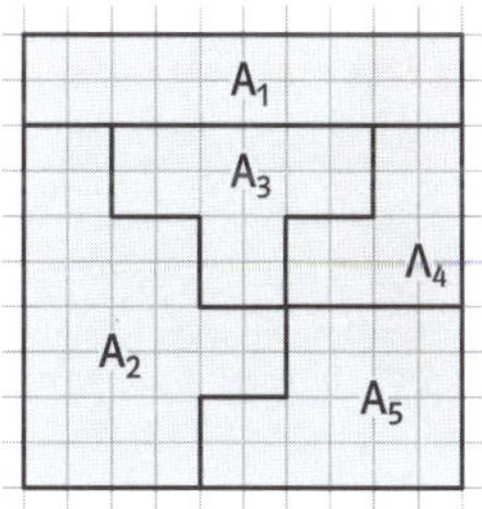

A_1 = ______
A_2 = ______
A_3 = ______
A_4 = ______
A_5 = ______

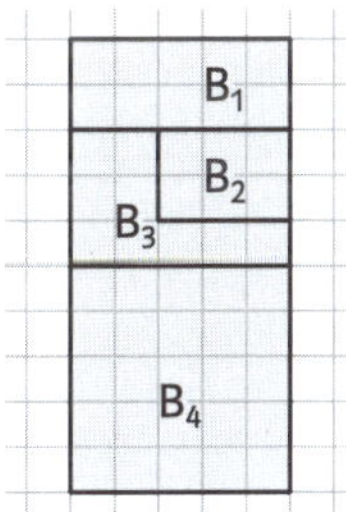

B_1 = ______
B_2 = ______
B_3 = ______
B_4 = ______

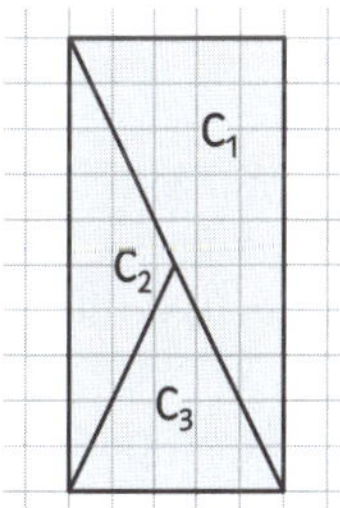

C_1 = ______
C_2 = ______
C_3 = ______

5 Brotaufstrich heißt Konfitüre, Marmelade, Gelee oder Fruchtaufstrich. Je nach Namen ist der Anteil der Früchte am Gesamtgewicht unterschiedlich.
a) Trage in die Tabelle den berechneten Fruchtanteil in % ein.
b) Simone hat ein 250-g-Glas „Konfitüre extra" gekauft. Wie viel g Erdbeeren sind darin verarbeitet?

______ % · 250 g = ______ g Erdbeeren

c) Marmeladen, Konfitüren und Gelees müssen mindestens 60 % Gesamtzuckergehalt aufweisen (das ist der Anteil von Haushalts- und Fruchtzucker). In einem 450-g-Glas Gelee sind also mindestens

______ % · 450 g = ______ g Zucker enthalten.
d) Steffi schwört auf ihr 125-g-Glas Pfirsich-Fruchtaufstrich. 65 % beträgt der Anteil der Früchte.

Das sind ______ % · 125 g = ______ g

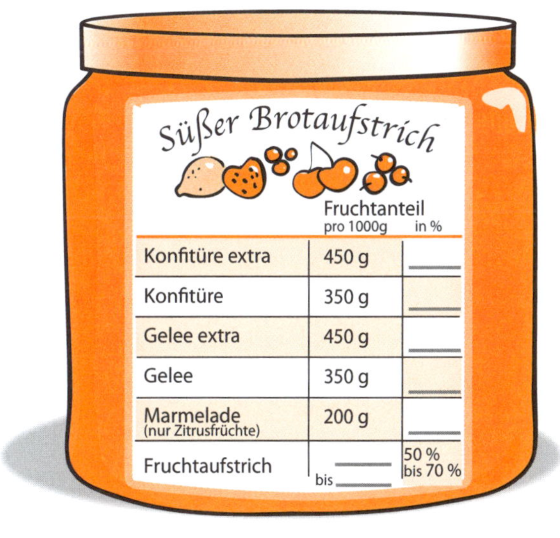

	Fruchtanteil pro 1000g	in %
Konfitüre extra	450 g	___
Konfitüre	350 g	___
Gelee extra	450 g	___
Gelee	350 g	___
Marmelade (nur Zitrusfrüchte)	200 g	___
Fruchtaufstrich	___ bis ___	50 % bis 70 %

1 Stelle die Anbaufläche von verschiedenen Obstarten in Bayern im Jahr 2007 in einem Balkendiagramm dar. Runde zunächst die angegebenen Daten auf Zehner.

Obstart	Fläche in ha	gerundet
Äpfel	1221	
Birnen	309	310
Süßkirschen	600	

Obstart	Fläche in ha	gerundet
Sauerkirschen	111	
Pflaumen und Zwetschgen	571	
Mirabellen und Renekloden	50	

Obstanbau in Bayern im Jahr 2007 in Hektar (ha)

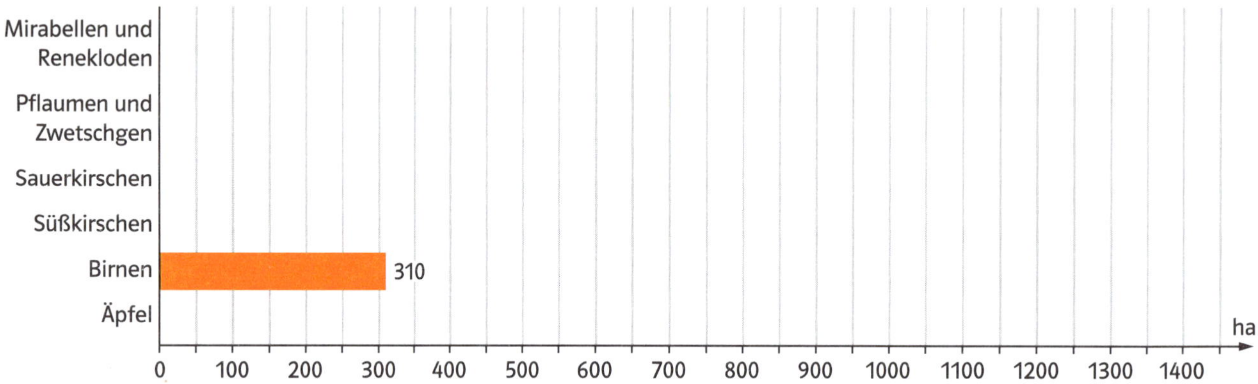

2 Das ________diagramm zeigt die Erntemenge an Baumobst in Bayern im Jahr 2007 in Prozent.

a) Berechne jeweils die Erntemenge in t für jede Obstart und trage sie in die Grafik ein.

b) Kreuze die richtigen Aussagen für die Grafik an.

- ☐ Den größten Anteil an der Erntemenge haben Äpfel.
- ☐ Der Winkel von Birnen und Äpfeln zusammen beträgt weniger als 270 Grad.
- ☐ Den geringsten Anteil machen Mirabellen und Renekloden aus.
- ☐ Süßkirschen belegen den 2. Platz.

Obstanbau 2007 in Prozent (%)

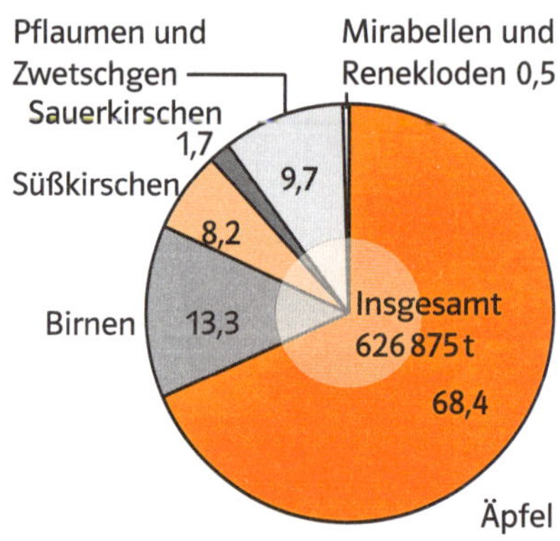

3 Schülerinnen und Schüler wurden gefragt, wie viel Stunden pro Monat sie am Computer spielen.

56	52	48	44	40	36	24	~~68~~	16	12
20	24	23	19	18	17	4	9	8	7
3	2	10	13	15	8	12	9	2	0
1	3	4	2	1	0	7	4	5	6

a)* Erstelle ein Stängel-Blatt-Diagramm.

6 | 8
5 | ____
4 | ____
3 | ____
2 | ____
1 | ____
0 | ____

b) Bestimme die Anzahl der Werte, Minimum, Maximum und Mittelwert.

Anzahl: ____________

Minimum: ____________

Maximum: ____________

Mittelwert: ____________

Fülle die Lücken. Für jeden Buchstaben findest du einen Strich. Schlage in deinem Buch nach, wenn du dir nicht sicher bist. Löse dann die Beispielaufgaben.

Darstellung von Daten in Diagrammen

Zahlen lassen sich mit Diagrammen übersichtlich darstellen.

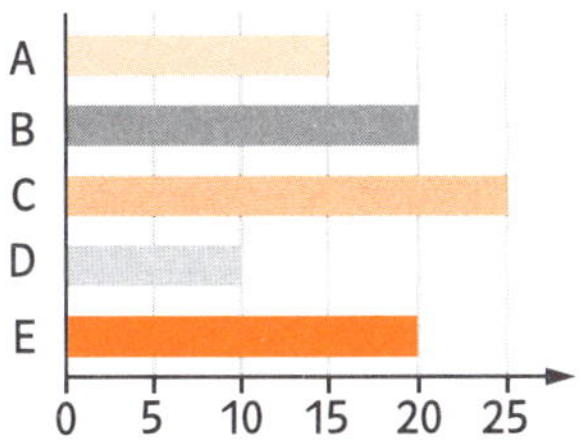

Balkendiagramm

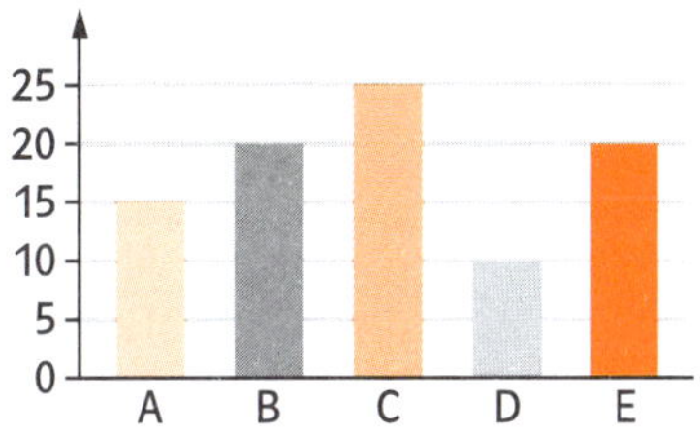

____

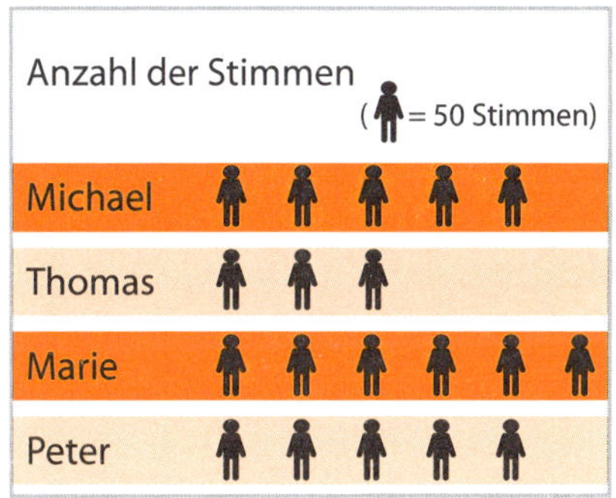

____

Darstellung in Diagrammen

Prozentangaben kann man besonders gut mit Kreisdiagrammen darstellen. 100 % entsprechen dabei 360°, 10 % entsprechen ____°.

1 % wird mit einem Winkel von ______° abgebildet.

- Ergänze fehlende Werte.

____ %; ______°

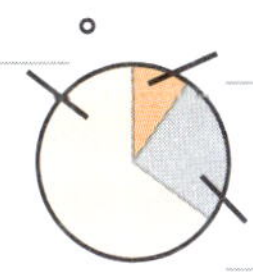

____ %; 36 °

____ %; 90 °

Mittelwert

Um den Mittelwert von Zahlen bzw. Größen zu berechnen, addiert man zunächst alle Zahlen bzw. Größen. Diese Summe muss dann durch die Anzahl der Zahlen bzw. Größen _ _ _ _ _ _ _ werden. (Andere Bezeichnungen für den Mittelwert sind arithmetisches Mittel oder Durchschnittswert.)

- Der Mittelwert aus den Zahlen 3; 5; 8 und 12 beträgt ____.
- Der Mittelwert aus den Zahlen −17; −3,4; 8,6 und 12 beträgt ____.

Berechnung des Grundwertes

Man dividiert den Prozentwert durch den _ _ _ _ _ _ _ _ _ _ _ _:

$\text{Grundwert} = \frac{\text{Prozentwert}}{\text{Prozentsatz}}$.

Beispiel:
35 % sind 700. 100 % sind dann?
Gegeben: Prozentsatz (35 %), Prozentwert (700)

: 35 (35 % ≙ 700) : 35
1 % ≙ $\frac{700}{\square}$
· 100 (100 % ≙ $\frac{700 \cdot \square}{\square}$ = ____) · 100

Berechnung des Prozentwertes

Man multipliziert den Prozentsatz mit dem _ _ _ _ _ _ _ _ _:

Prozentwert = Prozentsatz · Grundwert.

Beispiel:
Wie viel sind 55 % von 500 m?
Gegeben: Prozentsatz (55 %), Grundwert (500 m)

: 100 (100 % ≙ 500 m) : 100
1 % ≙ $\frac{\square}{100}$ m = ____ m
· 55 (55 % ≙ ____ m) · 55

Berechnung des Prozentsatzes

Man dividiert den Prozentwert durch den _ _ _ _ _ _ _ _ _:

$\text{Prozentsatz} = \frac{\text{Prozentwert}}{\text{Grundwert}}$.

Beispiel:
Wie viel Prozent sind 48 von 240?
Gegeben: Grundwert (240), Prozentwert (48)

: 240 (240 ≙ 100 %) : 240
1 ≙ $\frac{100}{\square}$ %
· 48 (48 ≙ ____ %) · 48

Kongruente Figuren

1 Finde kongruente Paare der Figuren am Rand.

A ____ ≅ ____ ____ ≅ ____

____ ≅ ____ ____ ≅ ____

Zwei Figuren bleiben übrig, ____ und ____.

Das Symbol ≅ ist das Gleichheitszeichen der Geometrie und bedeutet: „ist kongruent zu".

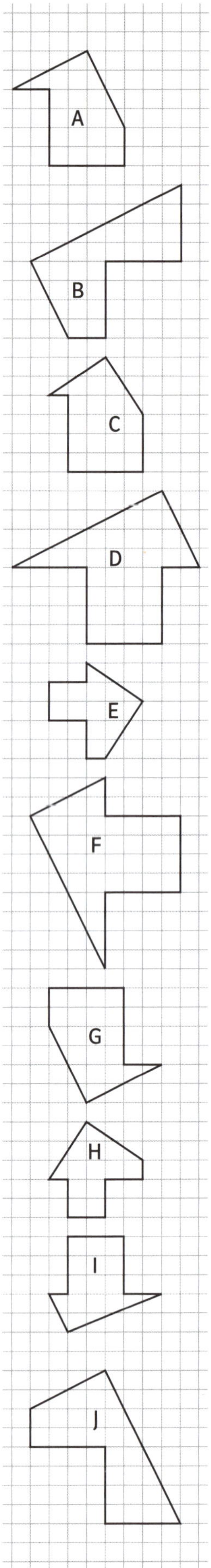

2 Ein Quadrat wird in den Bildern a) bis f) rechts in Teilfiguren zerlegt. In welchen Fällen entstehen dabei lauter kongruente Teilfiguren?

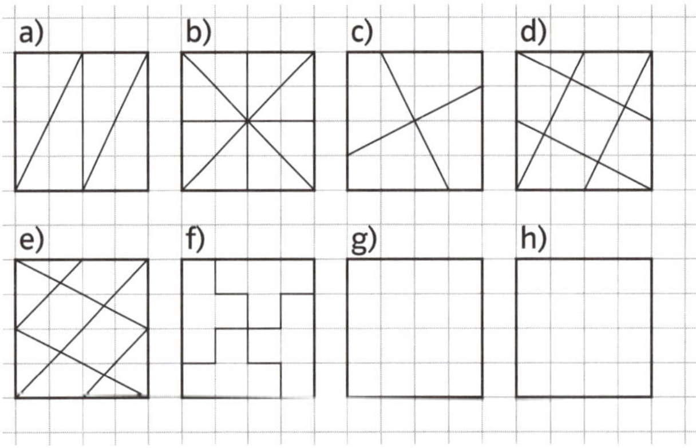

____

Findest du weitere Möglichkeiten, das Quadrat in vier kongruente Teilfiguren zu zerlegen?

3 a) Zerlege die Figur A in vier kongruente Teilfiguren. Es gibt mehrere Lösungen.
b) Bei einer dieser Zerlegungen kannst du die vier kongruenten Teilfiguren zu einem Quadrat zusammenfügen. Zeichne zum Ausprobieren das Kreuz auf Karopapier ab und trage deine Lösung in das Quadrat rechts ein.

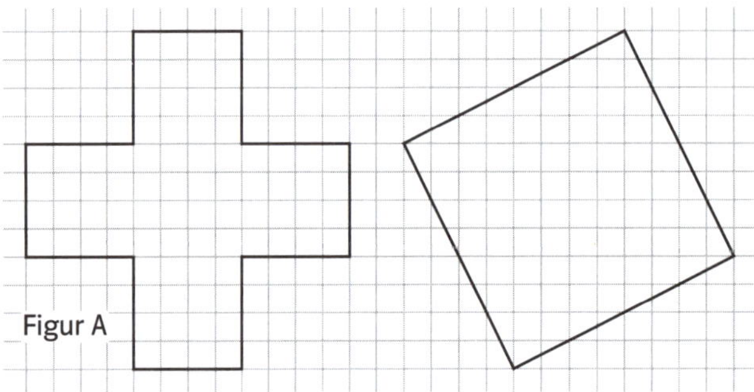

Tipp: Die gesuchte Teilfigur findest du in der Randspalte.

4 Kongruente Figuren lassen sich durch Verschieben, Drehen und Spiegeln erzeugen. Zeichne das Dreieck A(1|0), B(3|2) und C(0|4) und seine folgenden Bilder:
a) Das Dreieck A′B′C′ entsteht aus dem Dreieck ABC durch Spiegelung an einer Geraden.
b) Das Dreieck A″B″C″ entsteht aus dem Dreieck ABC durch eine Punktspiegelung.
c) Das Dreieck A‴B‴C‴ entsteht aus aus dem Dreieck ABC durch eine Verschiebung.

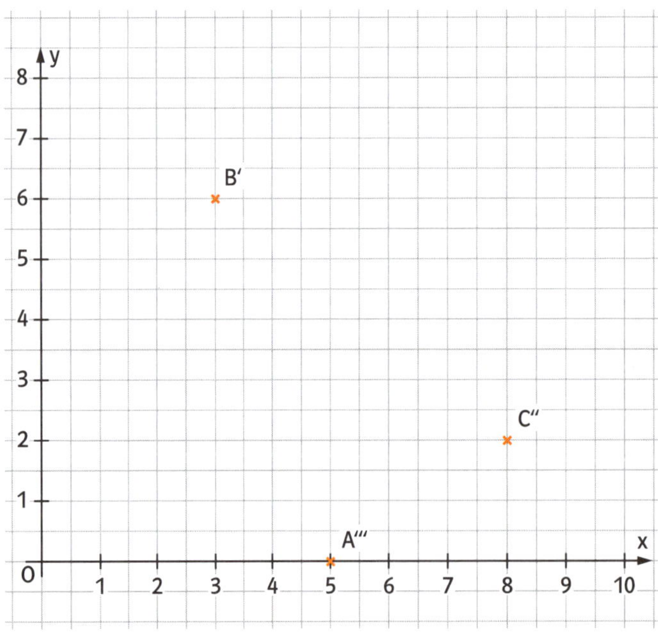

1 Ordne den Bildern den richtigen Kongruenzsatz zu (SSS, SWS, WSW, SsW).

a)
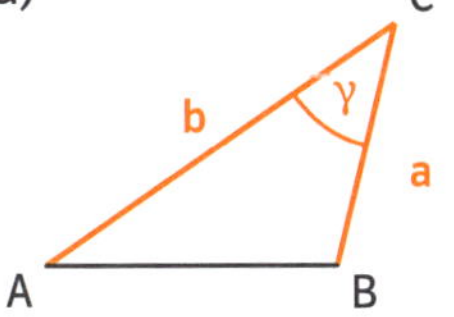

b)
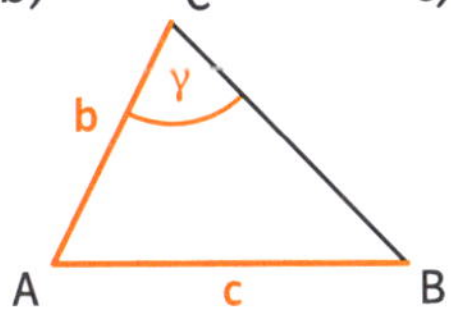

c)
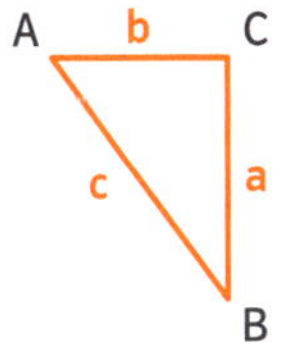

d)
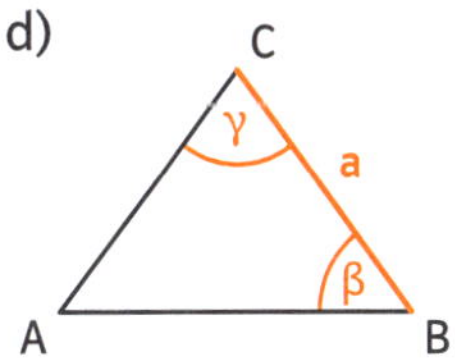

Sind zwei Winkel gegeben, kann man den dritten berechnen:
$\alpha + \beta + \gamma = 180°$

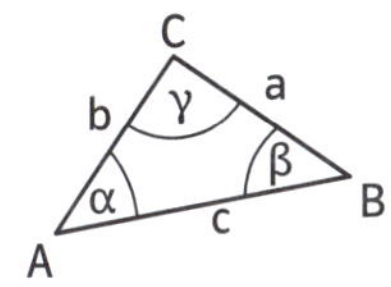

2 Setze die Konstruktion im Bild III fort und kreuze an, nach welchem Kongruenzsatz die Konstruktion eindeutig ist.

a) c = 3 cm
a = 3 cm
β = 40°

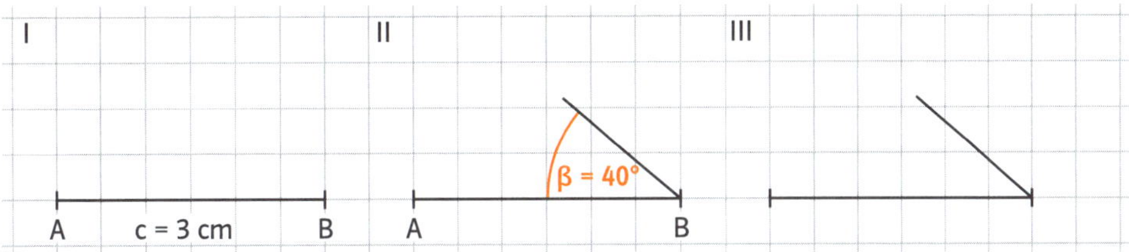

☐ SSS
☐ SWS
☐ WSW
☐ SsW

b) c = 3 cm
β = 50°
γ = 90°

α = ______ °

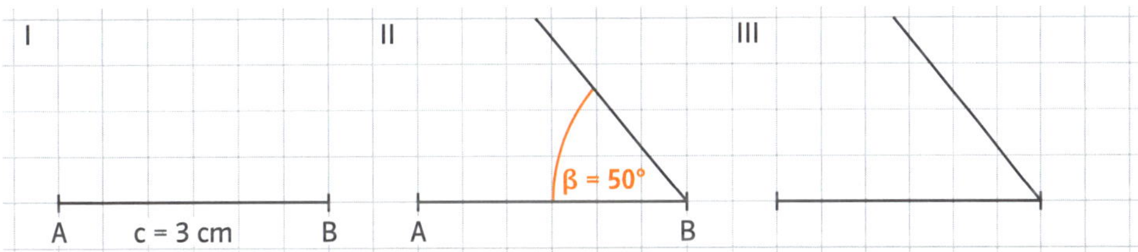

☐ SSS
☐ SWS
☐ WSW
☐ SsW

c) a = 3 cm
b = 3 cm
c = 3 cm

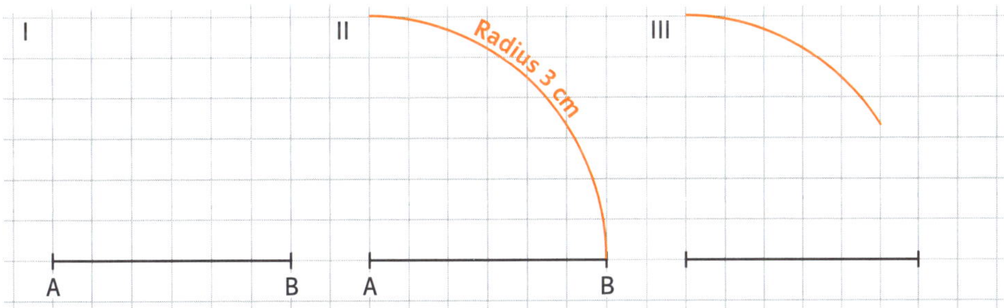

☐ SSS
☐ SWS
☐ WSW
☐ SsW

3 Das Bild zeigt, dass die beiden Dreiecke A_1BC (orange umrandet) und A_2BC (grau gefüllt) in drei Stücken übereinstimmen, nämlich der Seite [A_1B] bzw. ______, dem Winkel bei Punkt ______ und der Seite ______. Aber sie sind nicht kongruent!

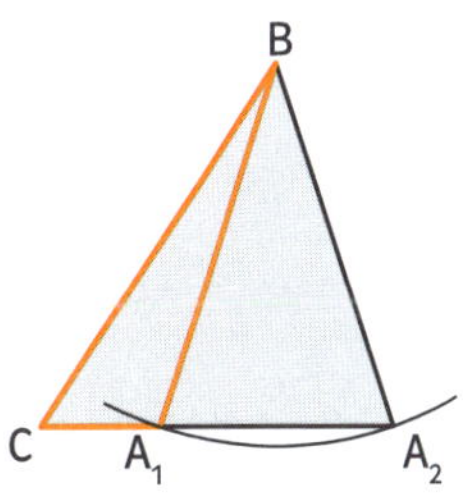

Es gibt keinen Kongruenzsatz sSW.

4 Bei dieser Aufgabe gibt es zwei Lösungen. Gesucht ist ein Dreieck mit den Seiten a = 2 cm, b = 3 cm und α = 30°. Beschrifte die Planfigur und zeichne beide Lösungsdreiecke. Miss zur Kontrolle die Länge der dritten Seite millimetergenau:

c_1 = ______ mm, c_2 = ______ mm

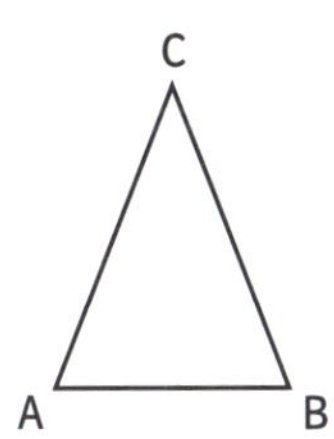

Kongruenzsätze für Dreiecke (2)

1 Markiere in der Skizze die gegebenen Stücke farbig und gib an, nach welchem Kongruenzsatz (SSS, WSW oder SWS) das Dreieck eindeutig konstruierbar ist.

a) a = 2,5 cm, b = 4,5 cm, γ = 100°

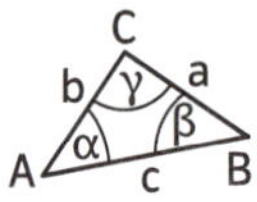

Kongruenzsatz: ______

b) c = 5 m, α = 66°, β = 33°

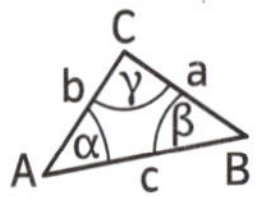

Kongruenzsatz: ______

c) a = 3 mm, b = 5 cm, c = 49 mm

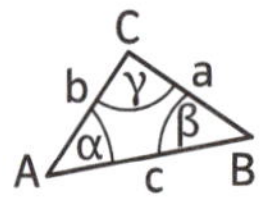

Kongruenzsatz: ______

d) b = 6 cm, α = 37°, β = 53°

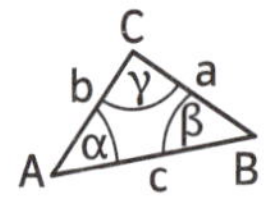

Kongruenzsatz: ______

2 Konstruiere das Dreieck ABC. Markiere zuerst die gegebenen Stücke in der Planfigur farbig und entscheide, nach welchem Kongruenzsatz die eindeutige Konstruktion möglich ist.

a) a = 3,2 cm, c = 5 cm, β = 80°
Planfigur:

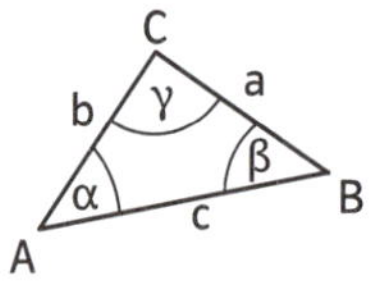

Kongruenzsatz: ______
Konstruktionszeichnung:

Gemessen: b = ______ mm

b) c = 35 mm, α = 30°, β = 118°
Planfigur:

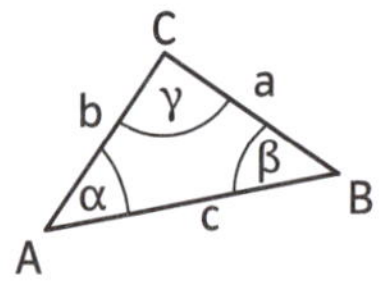

Kongruenzsatz: ______
Konstruktionszeichnung:

Gemessen: b = ______ mm

Zusammen: 114 mm

3 a) Ergänze die Konstruktion des Dreiecks DEF mit den Seitenlängen d = 3 cm, e = 4 cm, f = 6 cm.

b) Konstruiere in die vorhandene Zeichnung ein Dreieck DEF_1 mit denselben Seitenlängen e und f und d = 2,5 cm.

c) Wenn d nur ______ cm oder noch kürzer ist, lässt sich aus diesen Seitenlängen d, e und f kein Dreieck konstruieren.

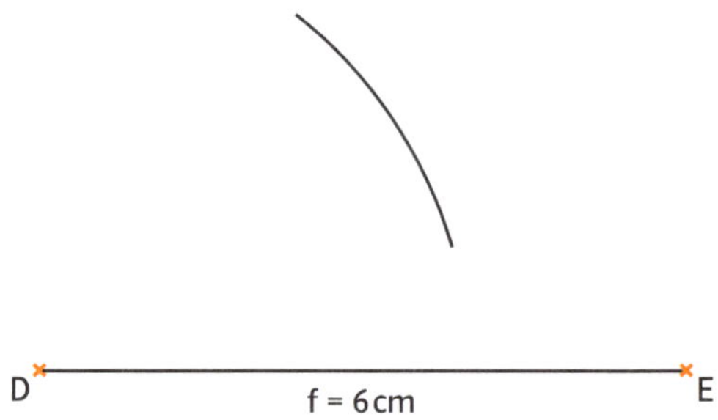

d) In jedem Dreieck gilt: eine Seitenlänge + andere Seitenlänge > dritte Seitenlänge.

Im Dreieck DEF bedeutet dies: d + e > ______ und d + ______ > ______ und e + ______ > ______.

4 a) Verbindet man bei einem Dreieck die Seitenmitten miteinander, so erhält man das so genannte Mittendreieck. Zeichne weiter (und verbinde die Seitenmitten).

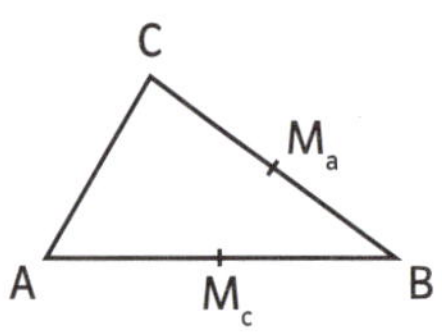

b) Welche der entstandenen Dreiecke sind kongruent zueinander?

______

c) Zeichne rechts ein weiteres beliebiges Dreieck und sein Mittendreieck. Gilt deine Beobachtung aus b) auch bei diesem Dreieck?

______

1 Trage die Nummern der Dreiecke richtig in die Tabelle ein.

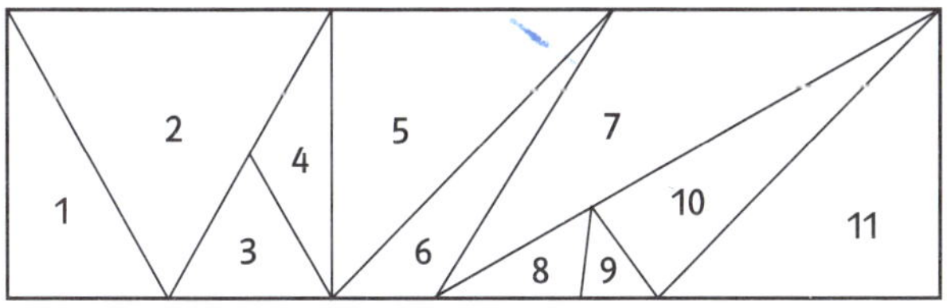

	spitzwinklig	rechtwinklig	stumpf-winklig
gleichseitig			
gleichschenklig, nicht gleichseitig			
allgemein			

2 Führe die angefangene Konstruktion weiter aus. Markiere zunächst die gegebenen Stücke farbig.

a) Gleichschenkliges Dreieck mit der Basis c = 3 cm und Basiswinkel α = 45°

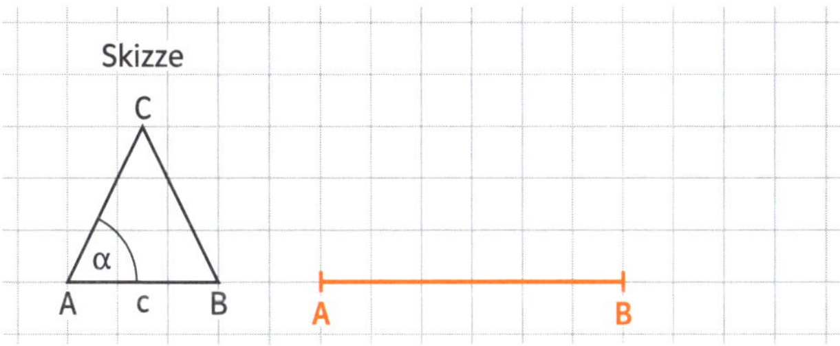

b) Gleichschenkliges Dreieck mit Schenkel a = 3 cm und Basiswinkel α = 55°.

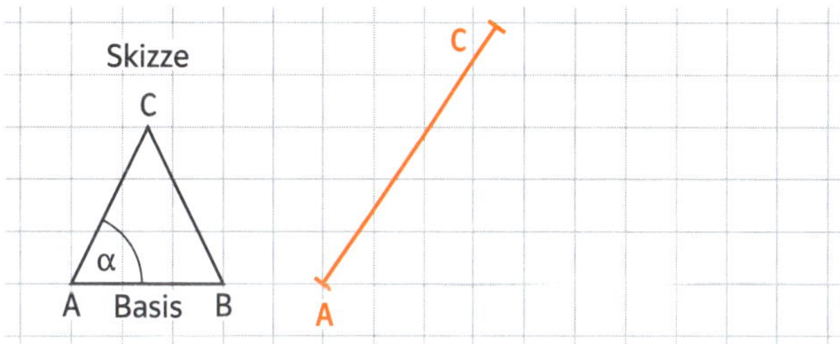

3 Konstruiere ein rechtwinkliges Dreieck ABC, bei dem für die Seitenlängen gilt: $\overline{AC} = \overline{AB} = 2{,}5\,cm$. Fertige zuerst eine Skizze an.

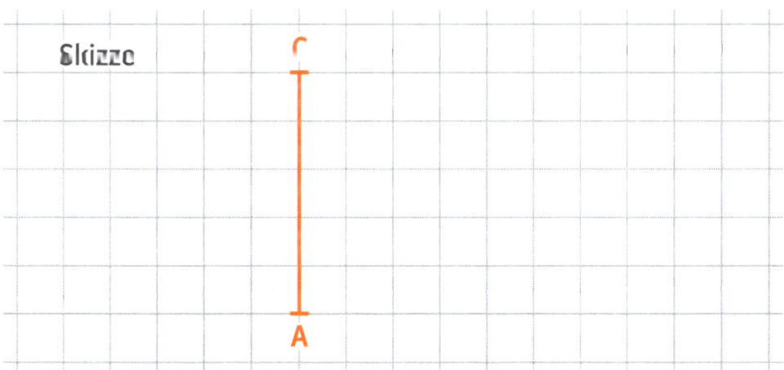

4 Bestimme die Winkel in der Figur. Achte auf die gekennzeichnete Konstruktion.

β = ________ °

γ = ________ °

ε = ________ °

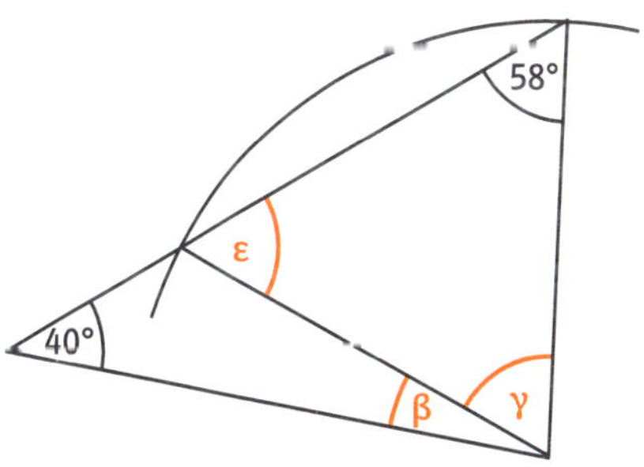

5 Die Innenwinkel des Dreiecks ABC lassen sich bestimmen, da nach

Konstruktion $\overline{AB}$ = _____ ist.

α = ________ °, β = ________ °, γ = ________ °

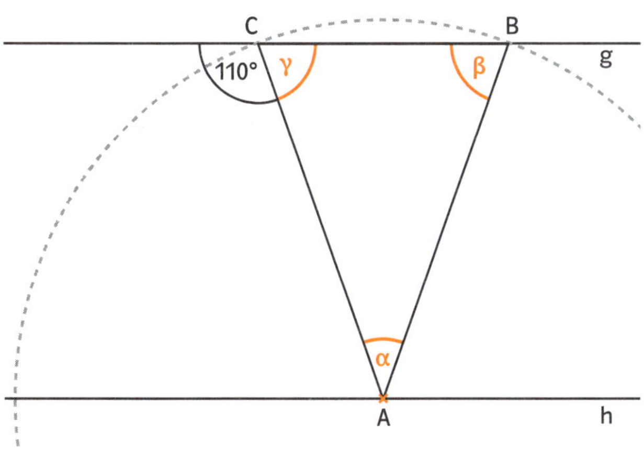

6 Im Dreieck ABC ist $\overline{AB} = \overline{AC}$.

a) Bestimme den Winkel φ. φ = ________ °

b) Welche Eigenschaft hat das Dreieck CDE?

____

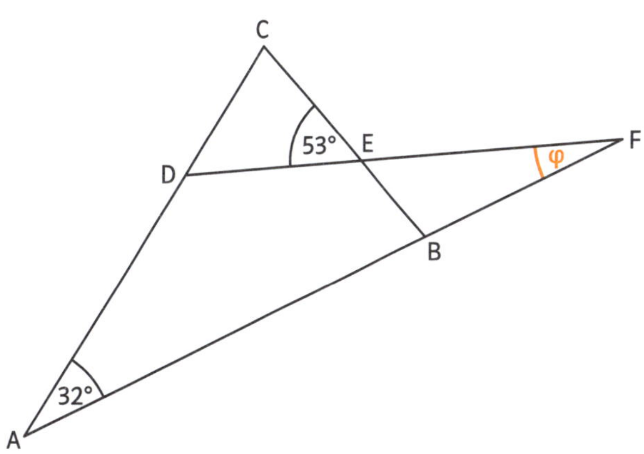

1 Welcher „Wenn …, dann …"-Satz gibt die Logik des vorangestellten Satzes richtig wieder? Kreuze ihn an.

a) Sonntags findet kein Unterricht statt.
☐ Wenn kein Unterricht stattfindet, dann ist Sonntag.
☐ Wenn Sonntag ist, dann findet kein Unterricht statt.

b) Die Adventszeit ist nur drei Wochen lang, falls der 24. Dezember ein Sonntag ist.
☐ Wenn der 24. Dezember ein Sonntag ist, dann ist die Adventszeit nur drei Wochen lang.
☐ Wenn die Adventszeit nur drei Wochen lang ist, dann ist der 24. Dezember ein Sonntag.

c) Der See tritt bei zu viel Regen über die Ufer.
☐ Wenn es zu viel regnet, dann tritt der See über die Ufer.
☐ Wenn der See über die Ufer tritt, dann hat es zu viel geregnet.

2 Markiere zuerst in der Aussage die Voraussetzung farbig.
Formuliere die Aussage in der „Wenn …, dann …"-Form.
a) Ein Dreieck mit zwei gleich großen Winkeln ist gleichschenklig.

Wenn ______________________________

b) Zweistellige Primzahlen sind immer ungerade.

Wenn ______________________________

c) Ein Viereck mit vier rechten Winkeln hat stets gleich lange Diagonalen.

Wenn ______________________________

d) Kongruente Dreiecke haben den gleichen Flächeninhalt.

Wenn ______________________________

3 Bilde Kehrsätze der Aussagen aus Aufgabe 2, indem du die Voraussetzung mit der Behauptung vertauschst. Kreuze an, ob der Kehrsatz wahr oder falsch ist.
Gib für die drei falschen Aussagen unten ein Gegenbeispiel an.

> Hinweis: Der Kehrsatz zu einem Satz kann falsch sein.

	wahr	falsch
a) Wenn ein Dreieck gleichschenklig ist, dann hat ______________________________	☐	☐
b) ______________________________	☐	☐
c) ______________________________	☐	☐
d) ______________________________	☐	☐

Das rechtwinklige Dreieck – der Satz des Thales

1 Markiere zunächst in der Planfigur die bekannten Stücke. Konstruiere dann das Dreieck.

a) $b = 6\,cm$;
$\beta = 90°$;
$h_b = 2\,cm$

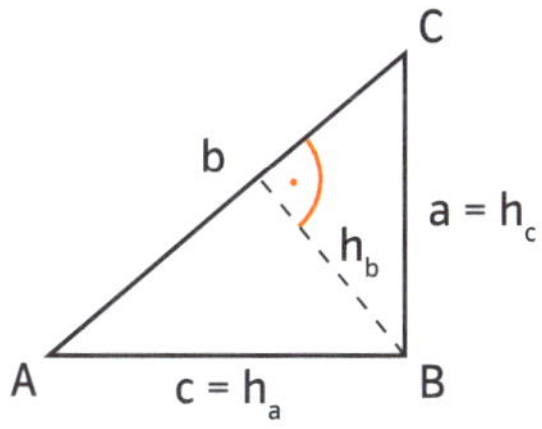

b) $c = 4{,}5\,cm$;
$\gamma = 90°$;
$h_c = 1{,}5\,cm$

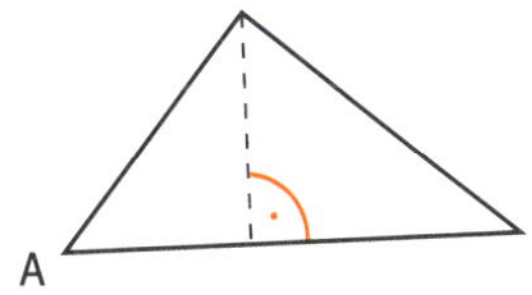

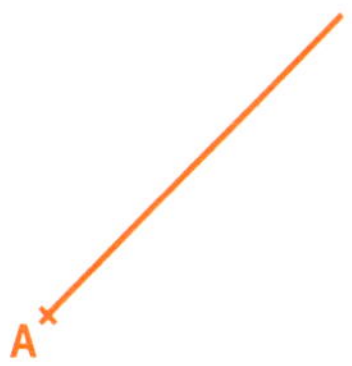

c) Die Konstruktionsbeschreibungen sind durcheinander geraten. Ordne die Sätze der passenden Teilaufgabe a) oder b) zu. Notiere auch die Reihenfolge der Arbeitsschritte (1–6).

- b 6 Zeichne die Höhe h_c ein.
- ___ Konstruiere zu c eine Parallele mit dem Abstand von 1,5 cm.
- ___ Zeichne den Thaleskreis über c.
- ___ Konstruiere zu [AB] die Mittelsenkrechte m_c.
- ___ B ist ein Schnittpunkt von Thaleskreis und Parallele.
- ___ Zeichne den Thaleskreis über b.
- ___ Konstruiere zu b eine Parallele mit dem Abstand von 2 cm.
- ___ Konstruiere zu [AC] die Mittelsenkrechte m_b.
- a 6 Zeichne die Höhe h_b ein.
- ___ C ist ein Schnittpunkt von Thaleskreis und Parallele.
- ___ Zeichne c = [AB] mit der Länge $\overline{AB} = 4{,}5\,cm$.
- ___ Zeichne b = [AC] mit der Länge $\overline{AC} = 6\,cm$.

2 a) Zeichne das Dreieck ABD und konstruiere anschließend die Punkte E und C. Die Strecke [AB] ist 4 cm lang.
Berechne β und γ.

β = ______

γ = ______

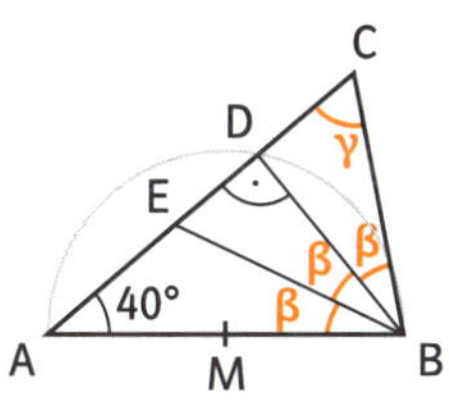

b) Berechne α im gleichschenkligen Dreieck ABC mit der Basis [AB]. Konstruiere dann das Dreieck ABC in Originalgröße.

α = ______

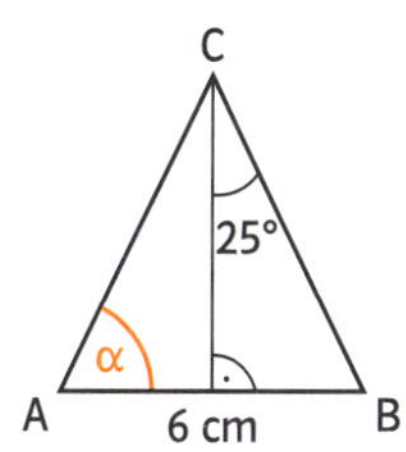

Dreieckskonstruktionen

1 a) Gesucht ist ein Dreieck mit den Seitenlängen $a = 3\,cm$, $b = 4\,cm$ und $\alpha = 45°$. Beschrifte die Planfigur und konstruiere beide Lösungsdreiecke.

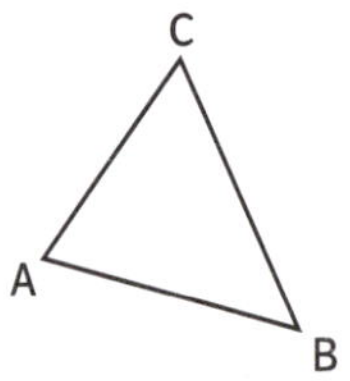

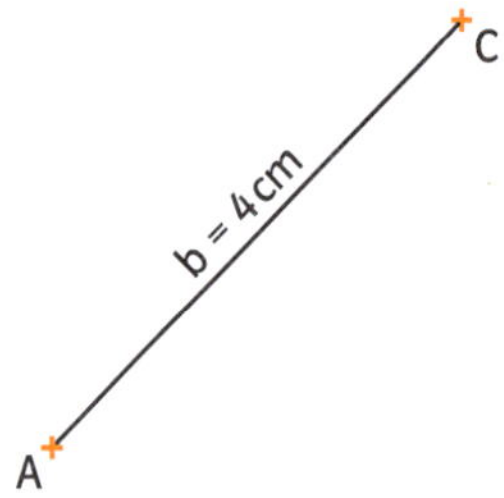

Ziehe die Seiten der beiden erhaltenen Dreiecke in zwei Farben nach.

b) Konstruiere ein Dreieck mit den Seitenlängen $a = 4\,cm$, $b = 3\,cm$ und $\alpha = 45°$. Skizziere und beschrifte eine Planfigur.

Dies zeigt dir, dass ein Dreieck nur eindeutig konstruierbar ist, wenn der gegebene Winkel der ________________ Seite gegenüberliegt.

2 Ist aus den gegebenen Größen eindeutig ein Dreieck konstruierbar?
Falls ja, gib an, aus welchem Kongruenzsatz dies folgt.
Falls nein, begründe, warum keine eindeutige Konstruktion möglich ist.

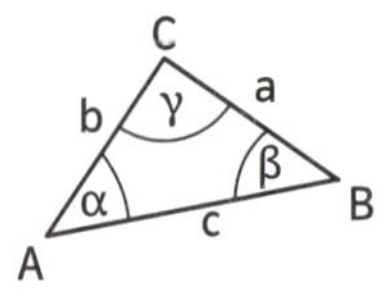

Größen	ja	Kongruenzsatz	nein	Begründung
a) $c = 6{,}7\,cm$, $\alpha = 65°$, $\beta = 120°$	○		○	
b) $a = 35\,mm$, $b = 5\,cm$, $c = 2\,cm$	○		○	
c) $a = 5{,}3\,cm$, $b = 4{,}2\,cm$, $\gamma = 67°$	○		○	
d) $a = 2\,cm$, $b = 4\,cm$, $c = 0{,}7\,dm$	○		○	
e) $b = 4\,cm$, $\beta = 52°$, $\gamma = 36°$	○		○	

3 Wie breit ist das Haus? Das große und die beiden kleinen Dreiecke sind gleichschenklig. Im gleichschenkligen Dreieck sind die beiden Basiswinkel gleich groß. Bestimme die Hausbreite zeichnerisch. Zeichne für 1 m in der Natur 2 cm.

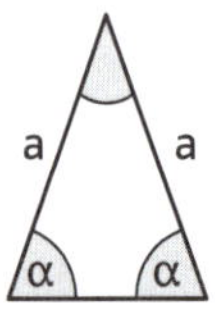

Das Haus hat eine ungefähre Breite von ________ m.

4 Lies den Konstruktionsplan. Welche Art von Dreieck wird konstruiert?

a) Konstruktionsplan:
(1) B und C sind durch [BC] = a gegeben.
(2) A liegt 1. auf dem Thaleskreis über [BC] und 2. auf der Parallelen zu [BC] im Abstand h_a.

Das Dreieck ist ________________________________.

b) (1) B liegt auf der Geraden h_b, die senkrecht zu beliebiger Geraden g ist.
(2) A und B liegen auf dem Kreis k(C; a).
(3) A liegt außerdem auf g.

Das Dreieck ist ________________________________.

Fülle die Lücken. Für jeden Buchstaben findest du einen Strich. Löse dann die Beispielaufgaben.

Kongruente Figuren

Zwei Figuren heißen kongruent (oder

_ _ _ _ _ _ _ _ _ _ _ _ _ _), wenn man sie genau passend aufeinanderlegen kann.
Für F ist kongruent zu G schreibt man F ≅ G.

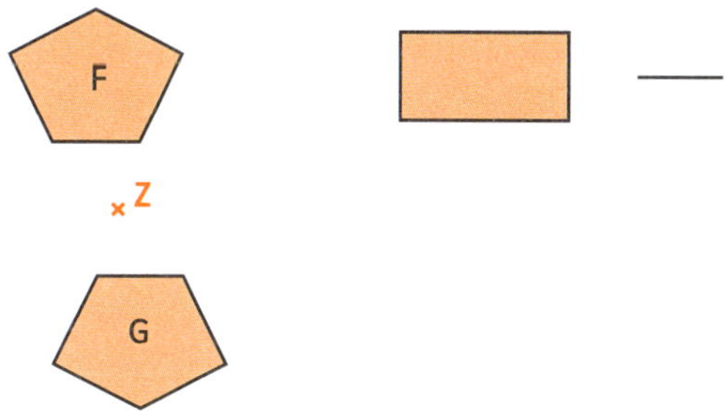

Ergänze die Figur rechts so, dass ein kongruentes Rechteckspaar entsteht.

Kongruenzsätze für Dreiecke

Um ein Dreieck eindeutig konstruieren zu können, benötigt man drei geeignete Angaben. Zwei Dreiecke sind kongruent, wenn sie in den folgenden Größen übereinstimmen (Kongruenzsätze):

- drei _ _ _ _ _ _ (SSS),
- zwei Seiten und dem eingeschlossenen Winkel (SWS),
- einer Seite und den beiden gleichliegenden Winkeln (WSW bzw. SWW)
- zwei Seiten und dem der größeren Seite gegenüberliegenden Winkel (SsW)

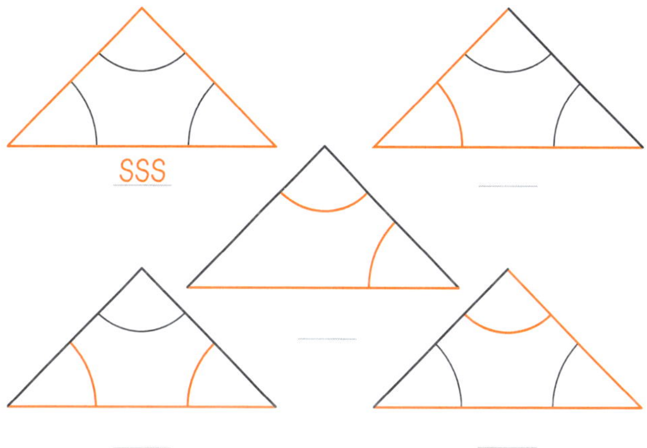

Gleichschenklige Dreiecke

In einem gleichschenkligen Dreieck sind die beiden

_ _ _ _ _ _ _ _ gleich lang.
Sind alle drei Seiten gleich lang, so heißt das

Dreieck _ _ _ _ _ _ _ _ _ _ _ _ .

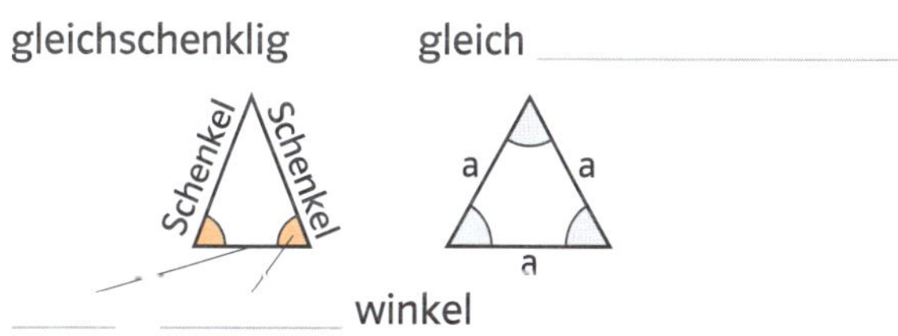

Satz vom gleichschenkligen Dreieck

Gilt in einem Dreieck eine der folgenden Aussagen, so gelten auch die beiden anderen.
a) Das Dreieck ist gleichschenklig.

b) Das Dreieck ist _ _ _ _ _ _ symmetrisch.

c) Das Dreieck hat _ _ _ _ gleich große Winkel.

■ Verdeutliche die drei Aussagen in diesem Dreieck, indem du die entsprechenden Stücke markierst.

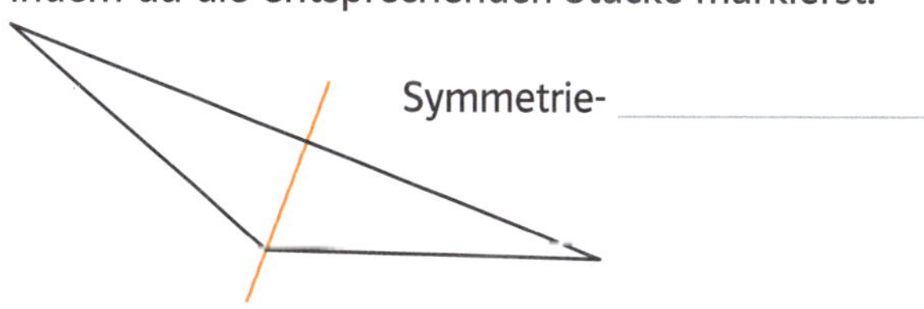

Satz des Thales

Ein Dreieck ABC ist genau dann in C rechtwinklig, wenn C auf dem Halbkreis über [AB] liegt.
Dieser Kreis über dem Mittelpunkt einer Strecke

heißt _ _ _ _ _ _ -kreis.

■ Ergänze die Punkte C′ und C″, so dass ABC′ und ABC″ rechtwinklig sind.

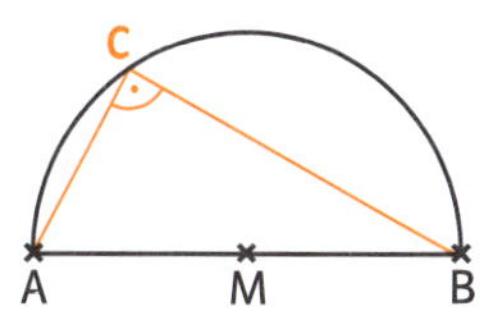

Bezeichnungen im rechtwinkligen Dreieck

In einem rechtwinkligen Dreieck heißt die dem rechten Winkel gegenüberliegende Seite

_ _ _ _ _ _ _ _ _ _ _, die beiden anderen Seiten heißen Katheten.

■ Markiere die Katheten blau und die ________

________ in rot.

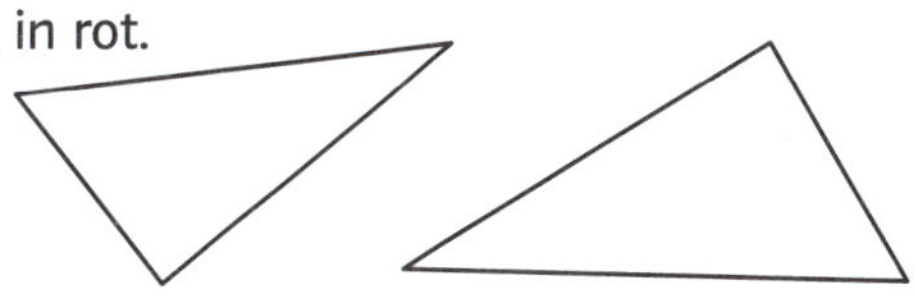

1 Siegfried hat zur Übung Konstruktionsbeschreibungen zum Thema Mittelsenkrechte (m) und Winkelhalbierende (w) auf Kärtchen geschrieben und gemischt hingelegt. Ordne die Beschreibungen dem Thema („m" oder „w") zu. Nummeriere sie abschließend.

- ( ) Gegeben sind zwei Punkte: A und B.
- ( ) Ich verbinde die beiden Schnittpunkte S_1 und S_2 der Bögen.
- ( ) Gegeben sind zwei Geraden g_1 und g_2 mit einem gemeinsamen Schnittpunkt Z.
- ( ) Ich zeichne die Strecke [AB].
- ( ) Ich zeichne einen Kreisbogen um P_1 und, mit dem gleichen Radius, einen Kreisbogen um P_2.
- ( ) Ich zeichne einen Kreisbogen um A (Radius > $\frac{1}{2}\overline{AB}$) und mit dem gleichen Radius einen Kreisbogen um B.
- ( ) Ich verbinde den Schnittpunkt der Kreisbögen mit Z.
- (w 5) Ich erhalte die Winkelhalbierende. Auf ihr liegen alle Punkte, die zu den Geraden die gleiche Entfernung haben.
- (m 5) Ich erhalte die Mittelsenkrechte. Auf ihr liegen alle Punkte, die von A und B gleich weit entfernt sind.
- ( ) Ich zeichne einen Kreisbogen um Z. Dieser schneidet die Geraden in P_1 und P_2.

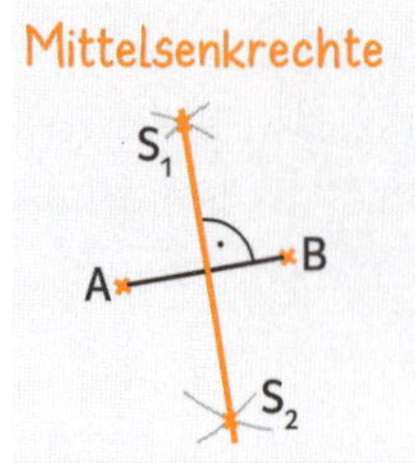

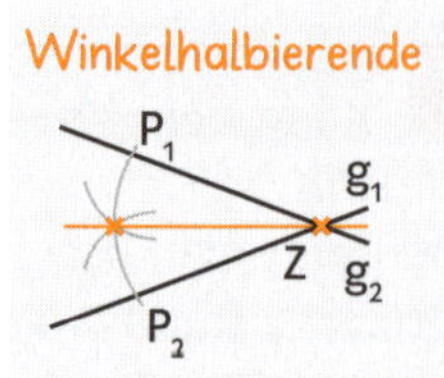

2 Peter hat eine Schatzkarte gefunden. Lies die Botschaft genau.

a) Wo findest du den Schatz?

b) Wie weit ist der Schatz vom Bahnhof entfernt? ____________ m

3 Zeichne im Koordinatensystem die Strecken [AB] und [BC]. Die Koordinaten der Punkte sind: A(1|2), B(7|1) und C(6,5|4).

a) Gesucht sind die Punkte P_1 und P_2, die von [AB] und [BC] gleich weit entfernt sind. Außerdem soll die Entfernung zu C 2,5 Einheiten betragen. Wie lauten die Koordinaten der Punkte? P_1(___ | ___) P_2(___ | ___)

b) Gibt es einen Punkt, der von der Strecke [BC] 2 Längeneinheiten und vom Punkt A 1,5 Längeneinheiten entfernt ist?

____

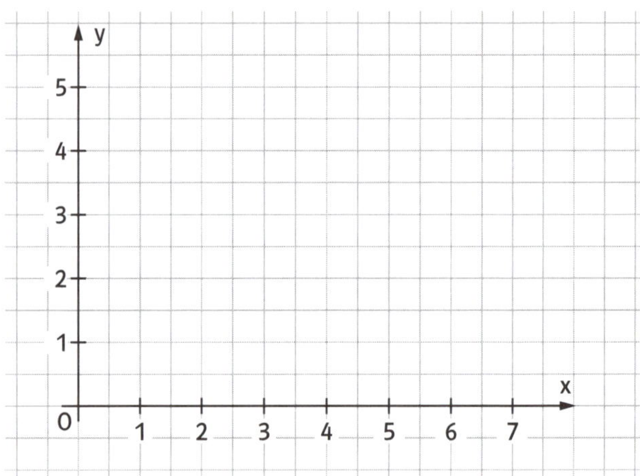

1 Zeichne das Dreieck mit A(2 | 1); B(6 | 1) und C(7 | 4). Konstruiere den Umkreis. Wo liegt der Mittelpunkt?

Der Kreismittelpunkt U liegt bei U(______ | ______).

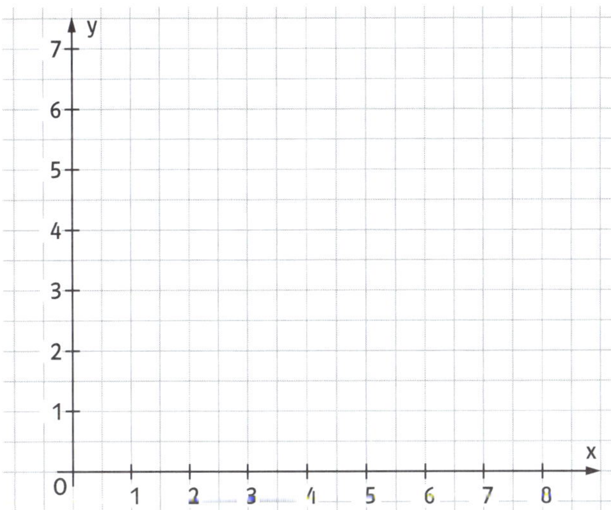

2 Zeichne in diese trendige Fashionuhr den Minutenzeiger in der maximal möglichen Länge auf 12 Uhr ein.

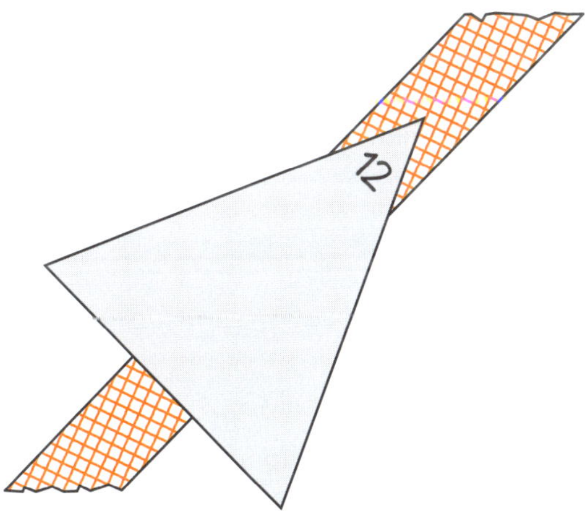

3 Ein dreieckiger Sandkasten soll vollständig mit einem Schirm überspannt werden. Welchen Durchmesser müsste der Schirm mindestens haben?

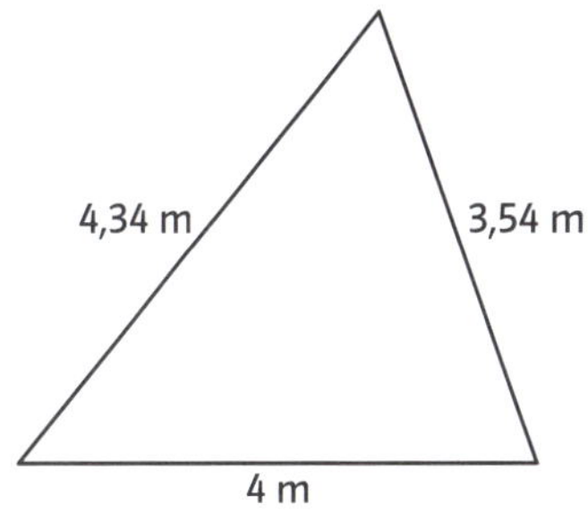

Der Durchmesser muss __________ m betragen.

4 Konstruiere einen Kreis um den Menschen, der mindestens eine Fingerspitze der beiden Hände und eine Fußsohle berührt.

5 a) Konstruiere den Umkreis des Dreiecks.

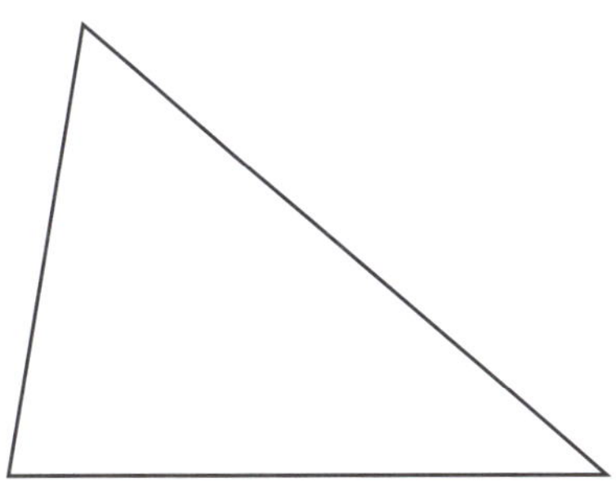

b) Konstruiere den Inkreis des Dreiecks.

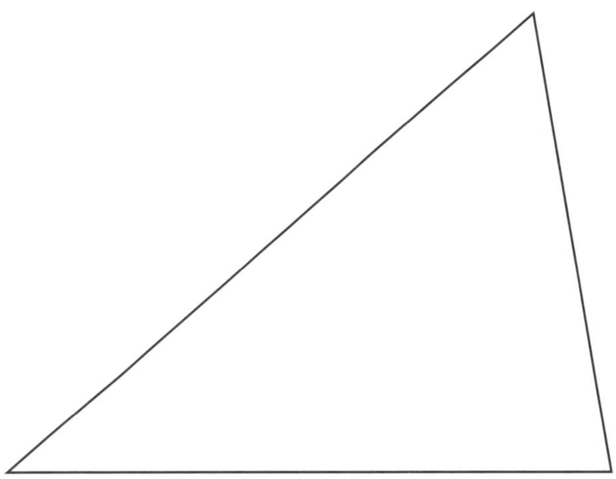

Höhen und Seitenhalbierende*

1 Jens hat zwei Konstruktionen als Übung auf Karten geschrieben. Ordne sie dem Thema Seitenhalbierende (s) bzw. Höhen (h) zu und nummeriere sie.

Gesucht ist das Dreieck ABC mit a = 5 cm, c = 6 cm und h_c = 4 cm.

Konstruiere das Dreieck ABC mit a = 4,5 cm, b = 6 cm und s_b = 5,5 cm.

h 5
Die Schnittpunkte des Kreisbogens mit der Geraden g sind die gesuchten Punkte C und C′ der beiden möglichen Dreiecke. Ich zeichne die Dreiecke ABC und ABC′.

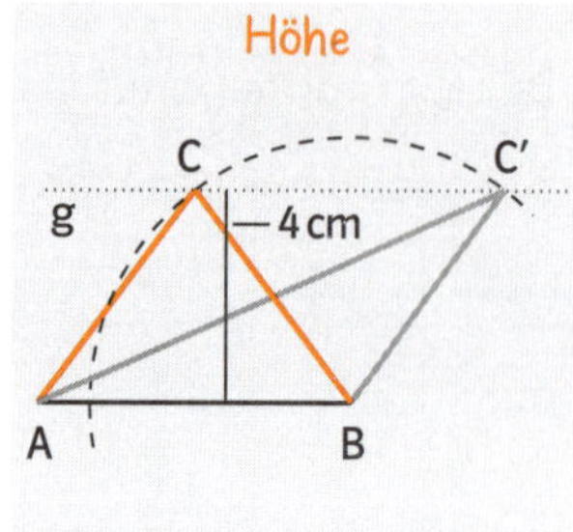

Die Schnittpunkte der beiden Kreisbögen sind die möglichen Mittelpunkte der Strecke [AC] bzw. [A′C′] mit der Länge b.

Ich zeichne einen Kreisbogen um den Punkt B mit dem Radius a = 5 cm.

Ich zeichne einen Kreisbogen um C mit dem Radius $\frac{1}{2}$b und einen Kreisbogen um B mit dem Radius s_b.

Ich zeichne die Strecke [AB] mit der Länge c.

s 5
Auf der Halbgeraden CS bzw. CS′ trage ich die Strecke [AC] bzw. [A′C′] mit der Länge b ab. Ich zeichne die Dreiecke ABC und A′BC.

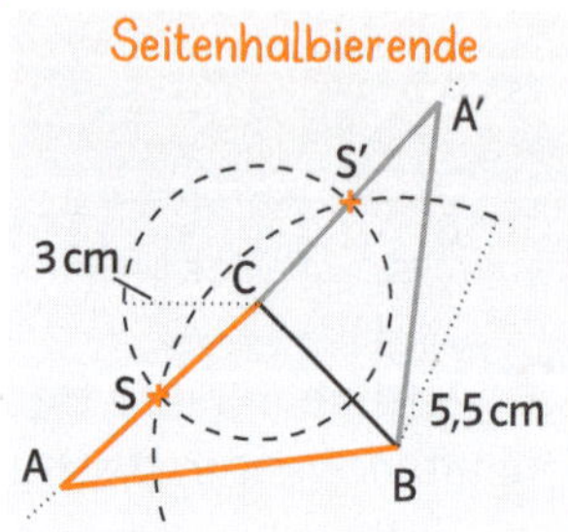

Ich zeichne zur Strecke c im Abstand von 4 cm eine parallele Gerade g.

Ich zeichne die Strecke [BC] mit der Länge a.

2 Konstruiere das Dreieck ABC, das s_c als Seitenhalbierende der Seite c hat.

Planfigur

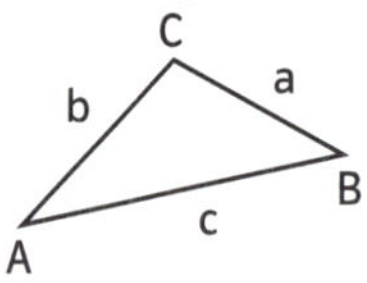

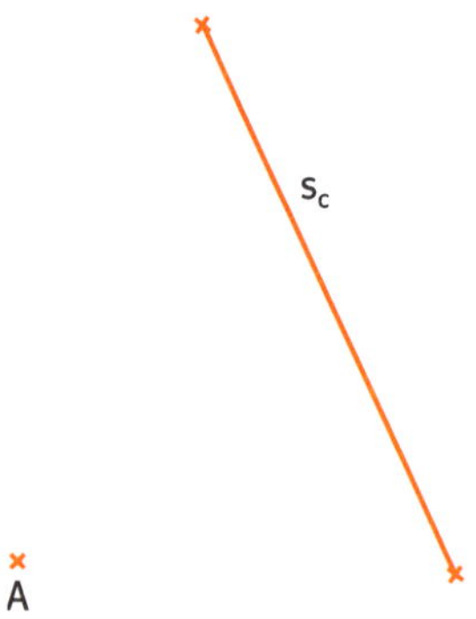

3 Konstruiere das Dreieck ABC. Die Seitenhalbierende der Seite b ist s_b. Der Punkt U ist Umkreismittelpunkt.

Planfigur

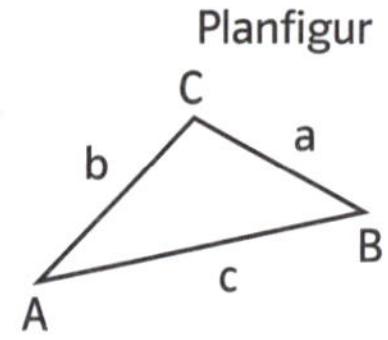

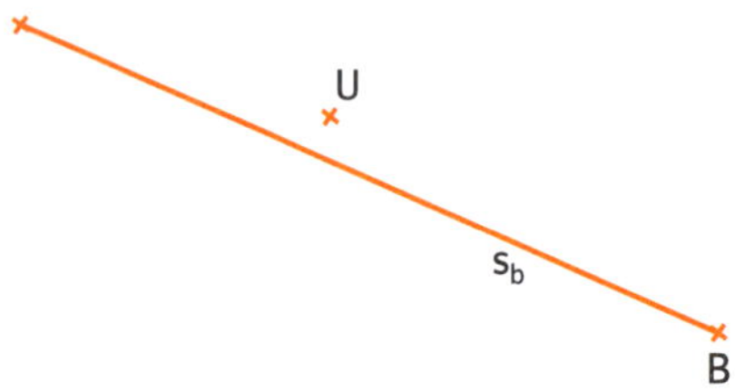

4 Konstruiere das Dreieck ABC. Die Höhe auf die Seite c ist h_c. U ist der Umkreismittelpunkt.

Planfigur

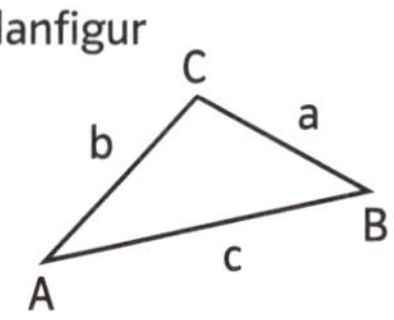

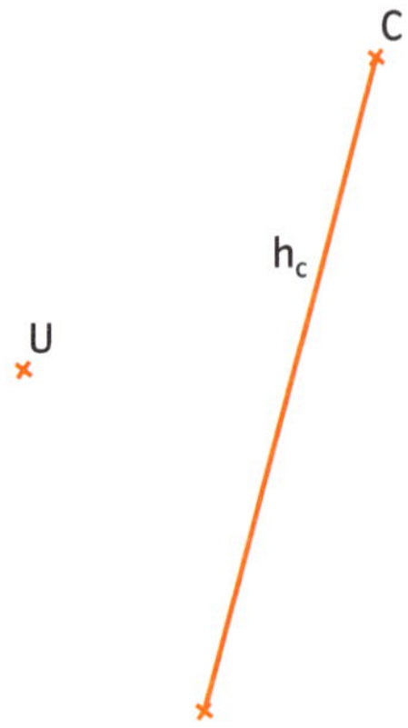

5 Konstruiere das Dreieck ABC. Die Höhe auf die Seite a ist h_a und die Höhe h_b auf die Seite b liegt auf der Geraden g.

Planfigur

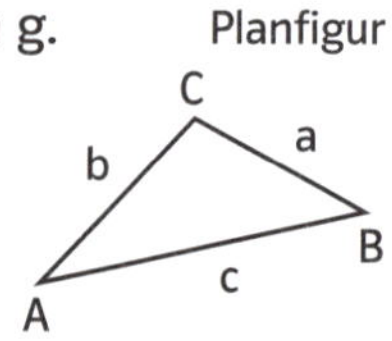

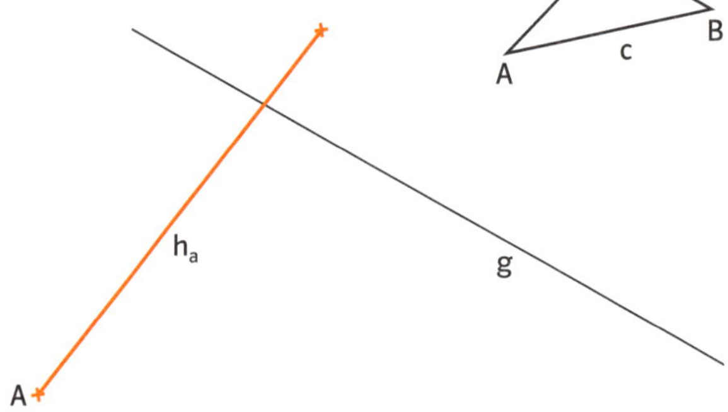

1 Konstruiere das Viereck ABCD mit den Seitenlängen a = 5 cm, b = 3 cm, d = 2 cm und den Winkeln $\alpha = 80°$, $\beta = 35°$.

a) Markiere die gegebenen Stücke in der Planfigur farbig.

b) Konstruiere das Viereck.

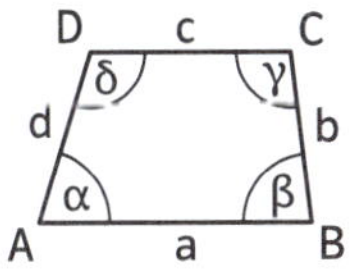

c) Ergänze den Konstruktionsplan:

(1) A und B sind durch $\overline{AB}$ = ____ cm gegeben.

(2) C liegt: 1. auf dem freien Schenkel des in B

____

2. auf dem Kreis k (____; ____).

(3) D liegt: ____________________

____

____

2 Ist die Konstruktion mit den vorhandenen Angaben eindeutig möglich? Trage zuerst die gegebenen Stücke farbig in die Planfigur ein.

a) Konstruiere das Viereck ABCD.

Gegeben:
a = 4 cm, b = 3 cm,
c = 3 cm, d = 3 cm,
$\beta = 110°$

Planfigur:

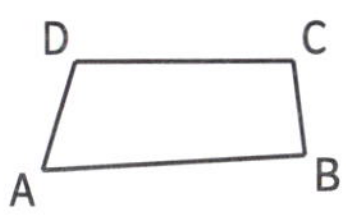

Konstruktionszeichnung:

b) Konstruiere das Parallelogramm ABCD.

Gegeben:
a = 5 cm, b = 2 cm,
$\beta = 60°$

Planfigur:

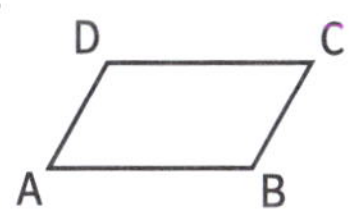

Konstruktionszeichnung:

3 Legen die Angaben genau ein Viereck fest?
Nutze die Planfiguren unter der Tabelle als Hilfe. Du kannst die gegebenen Stücke farbig markieren.

gesuchtes Viereck	Angaben	ja	nein
a) Rechteck	a = 3 cm, b = 4 cm	◯	◯
b) Parallelogramm	$\alpha = 30°$, a = 5 cm, b = 2 cm	◯	◯
c) Drachen mit Symmetrieachse [AC]	$\alpha = 20°$, a = 6 cm, d = 6 cm	◯	◯
d) allgemeines Viereck	$\beta = 70°$, $\gamma = 100°$, a = 5 cm, b = 3 cm, c = 6 cm	◯	◯
e) Trapez	$\gamma = 110°$, $\delta = 120°$, c = 2 cm, d = 3 cm	◯	◯

Planfiguren:

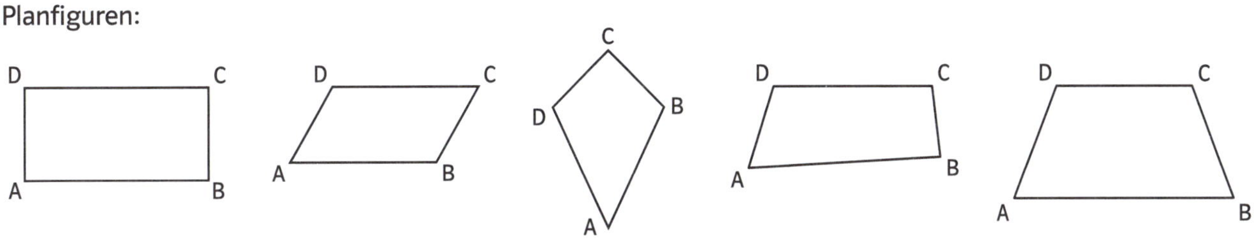

Fülle die Lücken. Für jeden Buchstaben findest du einen Strich. Löse dann die Beispielaufgaben.

Mittelsenkrechte und Umkreis im Dreieck

Die Mittelsenkrechten der drei Dreiecksseiten schneiden sich in einem

_ _ _ _ _ U.

Dieser Punkt U ist der _ _ _ _ _ _ _ _ _ _ _ _ _ _ _ _ _ _ des Dreiecks, da er von den drei Ecken des Dreiecks den gleichen

_ _ _ _ _ _ _ hat.

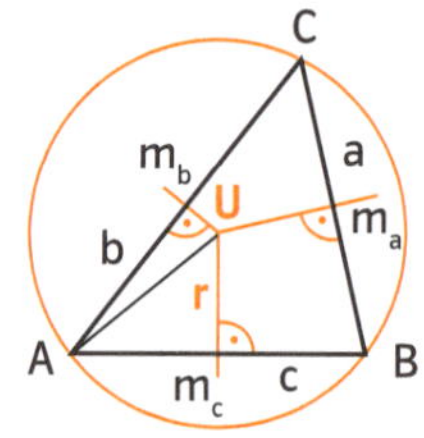

Eigenschaften der Winkelhalbierenden

Jeder Punkt der Winkelhalbierenden eines Winkels (z. B. ∢ BAC) hat

den gleichen Abstand zu den _ _ _ _ _ _ _ _ _ des Winkels bzw. zu den Geraden AC und AB.

Umgekehrt gilt bei zwei sich schneidenden Geraden:

Jeder Punkt der den gleichen _ _ _ _ _ _ _ zu den beiden Geraden hat, liegt auf einer Winkelhalbierenden dieser Geraden.

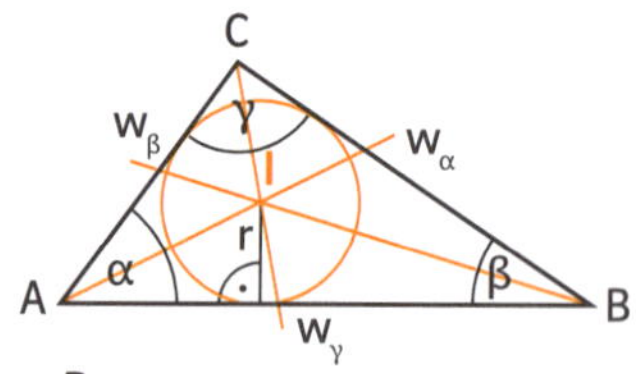

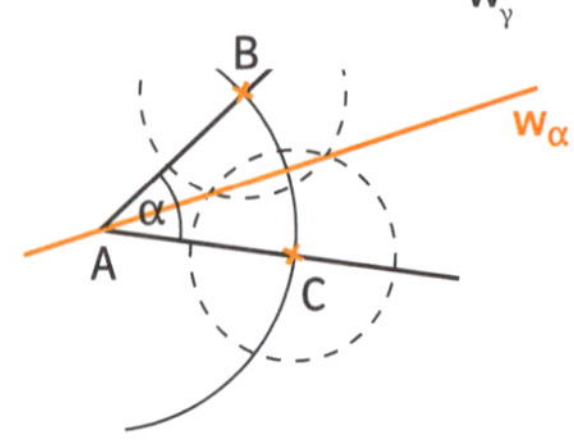

Winkelhalbierende im Dreieck

Die Winkelhalbierenden der drei Innenwinkel eines Dreiecks schneiden sich in einem Punkt I. Dieser Punkt I ist der

_ _ _ _ _ _ _ _ _ _ _ des Inkreises des Dreiecks, da er von den drei

_ _ _ _ _ _ den gleichen Abstand hat.

■ Halbiere den Winkel.

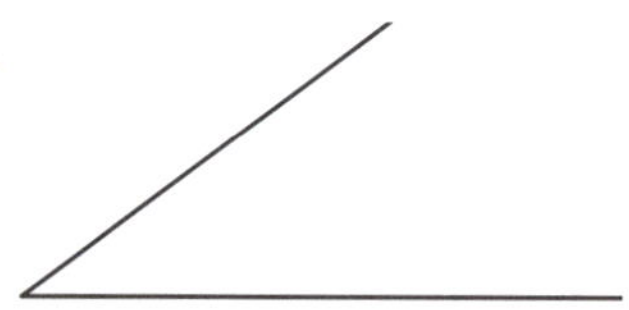

Höhen im Dreieck

Die drei Höhen eines Dreiecks (oder ihre Verlängerungen) schneiden sich in einem Punkt H. Dieser Punkt H ist der

_ _ _ _ _ _ _ _ _ _ _ _ _ _ _ _ _ des Dreiecks.

■ Zeichne die Höhen ein.

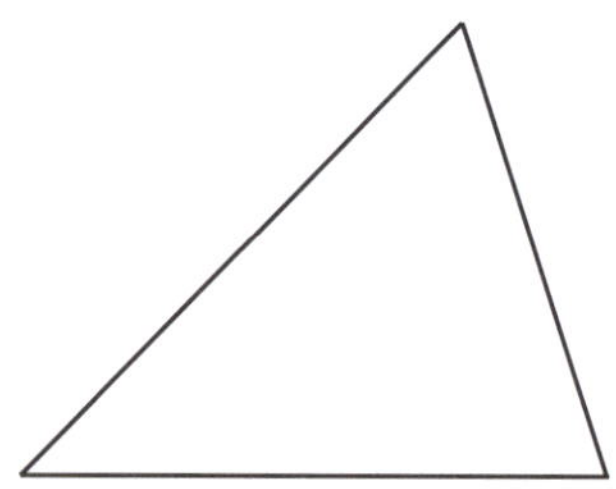

Seitenhalbierende im Dreieck

Die drei Seitenhalbierenden eines Dreiecks schneiden sich in einem Punkt S. Dieser Punkt S ist der _ _ _ _ _ _ _ _ _ _ _ des Dreiecks.

■ Zeichne die Seitenhalbierenden ein.

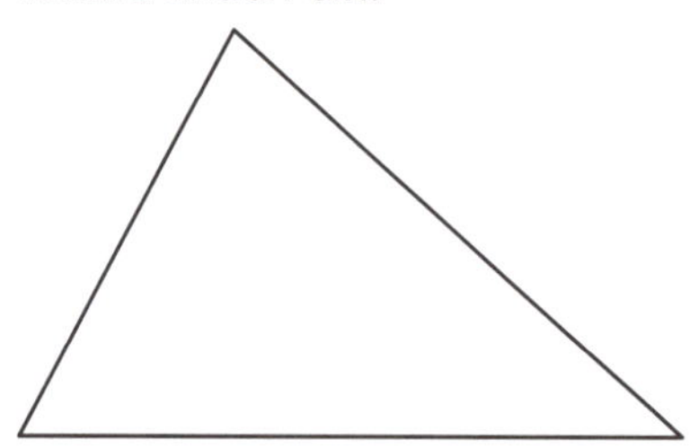

Konstruktion von Vierecken

Damit ein Viereck eindeutig konstruiert werden kann, müssen

_ _ _ _ geeignete Stücke (Seiten, Winkel, Diagonalen) gegeben sein.

Planfigur:

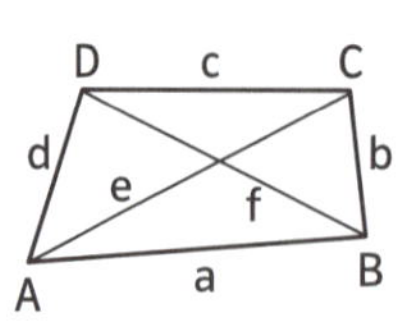

■ Konstruiere das Viereck ABCD mit $\alpha = 80°$, $a = 4\,cm$, $b = 2{,}5\,cm$, $\gamma = 75°$, $e = 4\,cm$.

1 Zeichne die Winkelhalbierende zu dem Winkel ABC ein. Zeichne zu der Strecke [AC] die beiden möglichen Parallelen im Abstand von 4 cm. Markiere die Schnittpunkte der Parallelen mit der Winkelhalbierenden.

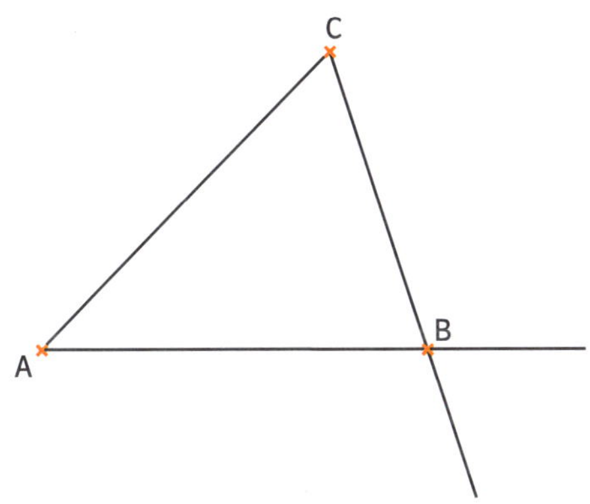

2 Berechne die orange markierten Winkel. Notiere auch die Namen der Vierecke.

a)

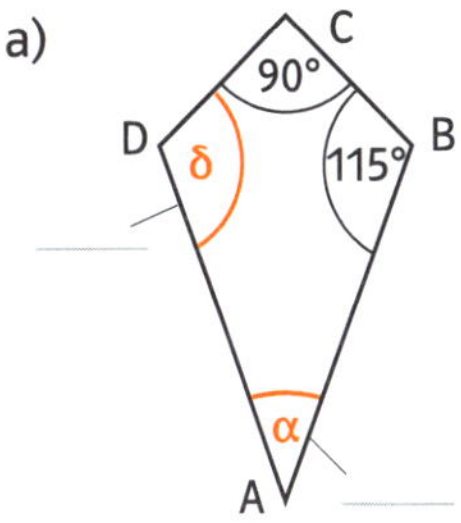

b)

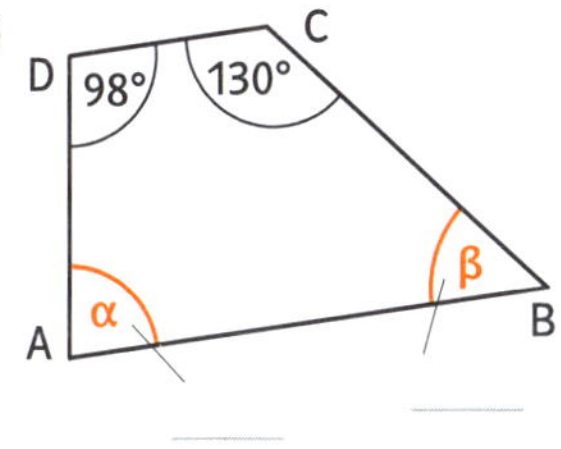

c)

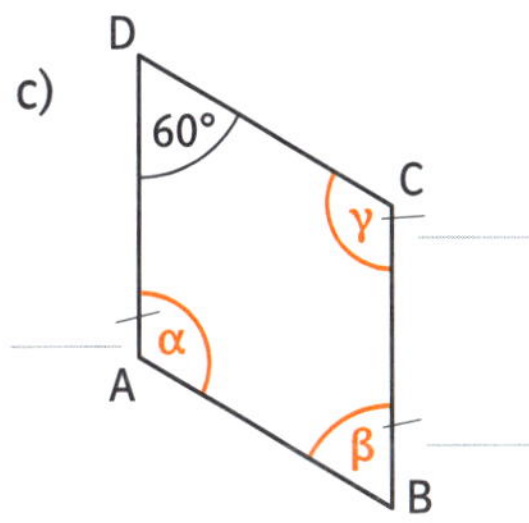

d)

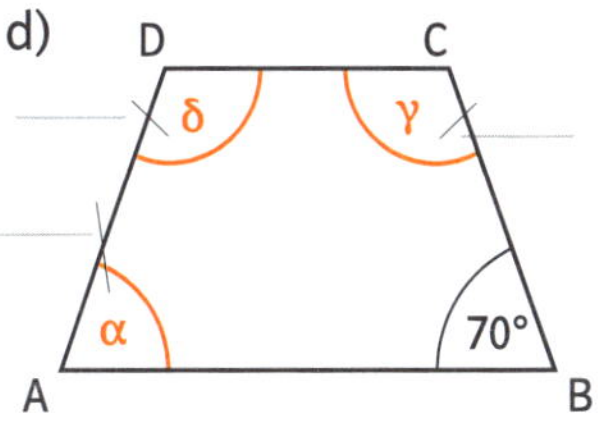

e)

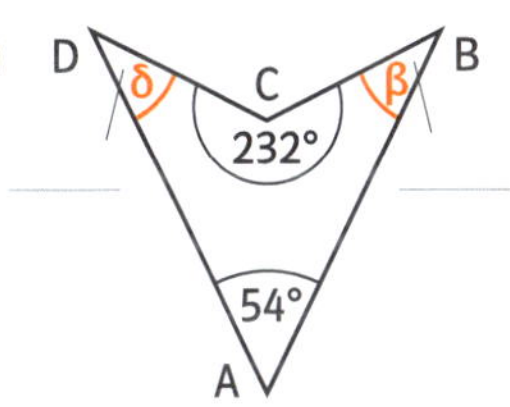

f)

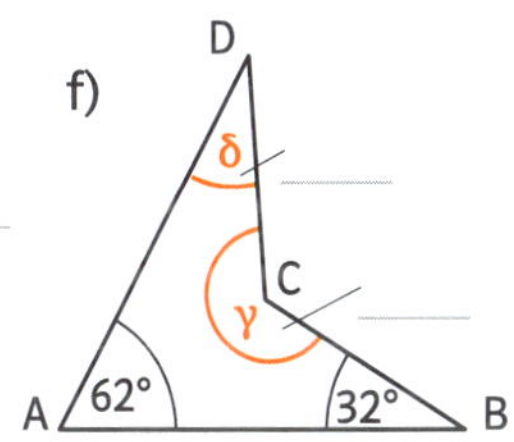

3 Berechne die fehlenden Winkel des Dreiecks ABC.

a) $\alpha = 82°$, $\gamma = 34°$ b) $\alpha = 106°$, $\beta = 17°$ c) $\gamma = 44°$, $\alpha = \beta$ d) $\alpha = 100°$, $\beta = \gamma$

4 Stelle für die Gesamtlänge aller Kanten einen Term auf.
Bestimme die Werte der Terme für a = 5 dm, b = 22 cm und c = 0,21 m.

a)

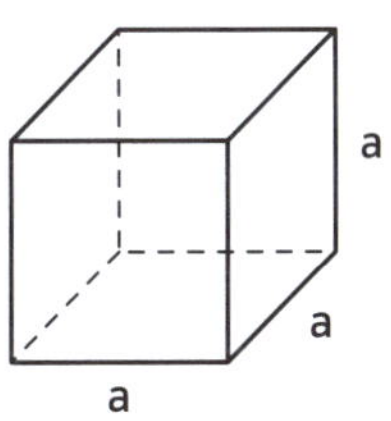

Der Körper heißt: ____________

Term: ____________

Wert des Terms: ________

b)

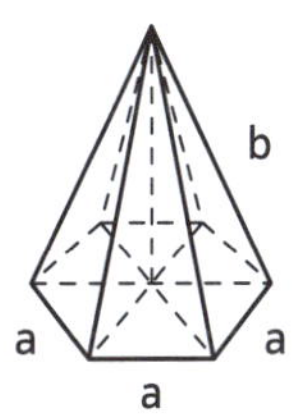

Der Körper heißt: ____________

Term: ____________

Wert des Terms: ________

c)

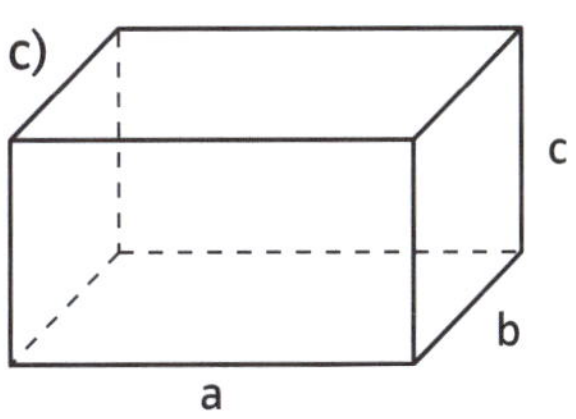

Der Körper heißt: ____________

Term: ____________

Wert des Terms: ________

d)

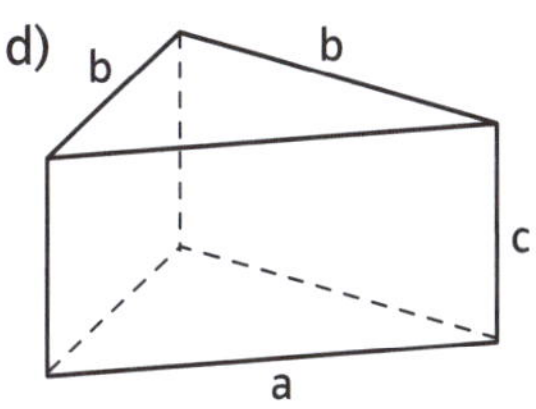

Der Körper heißt: ____________

Term: ____________

Wert des Terms: ________

5 Sind die Terme richtig zusammengefasst? Kreuze an und ergänze gegebenenfalls den korrekten Term.

	richtig	falsch	korrekter Term
a) $5\left(3a - \frac{1}{2}b\right) = 15a - 2{,}5b$	○	○	
b) $\frac{1}{2}n(4m - 2{,}5n) = -0{,}5n + 4m$	○	○	
c) $(3y + 12z) \cdot \left(-\frac{1}{2}z\right) + 4z = -\frac{3}{2}zy - 2z$	○	○	
d) $\left(\frac{6}{8}x - \frac{5}{10}y\right) + \frac{3}{4}y + \frac{2}{20}x = \frac{17}{20}x + \frac{1}{4}y$	○	○	
e) $3(p - pq) - (-p + 3q) = 4p - 6pq$	○	○	
f) $2x \cdot x^2 \cdot 3y^2 \cdot \frac{3}{2}x^3 \cdot y = 9x^3 \cdot 9y^3$	○	○	
g) $x^3 - 2x^2 + 3xy^2 + 6x^2 - 4y^2 + x^3 = 2x^3 + 4x^2 + 3xy^2 - 4y^2$	○	○	

6 Schreibe das Ergebnis der Multiplikation in die Tabelle.

·	$(y - 4)$	$(4xy + x)$	$(2xy + 3y + 2)$
$(2y - 2)$	$2y^2 - 10y + 8$		
$(5x + 3y)$			

7 Löse die Klammern auf und vereinfache den Term.

a) $3(a - 2)^2 = 3a^2 - 12a +$ ______

b) $(x + y)^2 + (x - y)^2 =$ ______

c) $(a + b)^2 - (a + b)^2 =$ ______

d) $(a - b)(b + a) =$ ______

8 Die Summe aller Lösungen ergibt 20.

a) $18x - (7 + 12x) = 2 + (5x - 8)$

x = ______

b) $5(3x - 12) = 15(20 - 2x)$

x = ______

c) $(x + 7)(x + 9) - (x + 10)(x + 5) = 24$

x = ______

9 Stelle eine Gleichung mit der Variablen x auf. Löse die Gleichung.

Text	Gleichung	Lösung
a) Das Vierfache einer Zahl ist 124.		
b) Das Produkt der Zahl und 14 ist 70.		
c) Der Quotient aus der Zahl und 12 ist 144.		
d) 40 % der Zahl sind 600.		
e) Das Produkt aus dem Dreifachen der Zahl und −2 ist 120.		
f) Addiere zum vierten Teil der Zahl 20. Multipliziere das Ergebnis mit 15 und du erhältst 360.		
g) Multipliziere die Summe aus der Zahl und 12 mit der Differenz aus 19 und vier, und du erhältst 345.		

10 Nach welchem Kongruenzsatz sind die beiden Teildreiecke kongruent zueinander?

a) ______

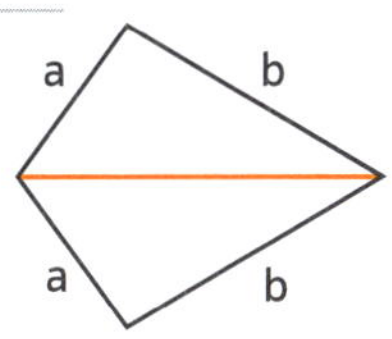

b) ______

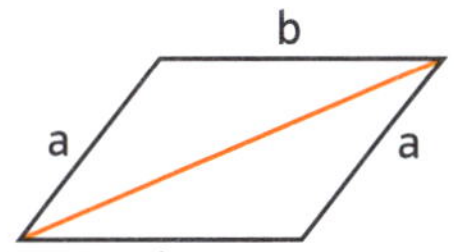

c) ______

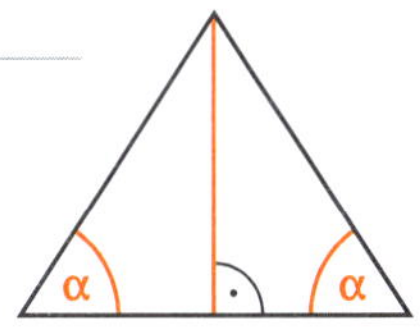

d) ______

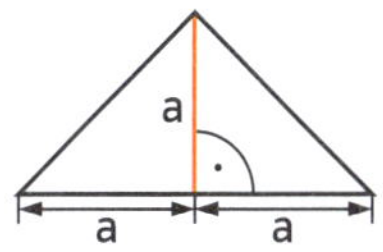

Kongruenzsätze
SSS: Seite – Seite – Seite
SWS: Seite – Winkel – Seite
WSW: Winkel – Seite – Winkel
SsW: Seite – Seite – Winkel, wobei der Winkel der größeren der beiden gegebenen Seiten gegenüberliegen muss.

11 Ein Obstbauer erprobt unterschiedliche Sorten Birnen. Von der Sorte A hat er 300 kg Birnen gelagert. Nach einem Monat muss er davon 12 kg als verdorben aussortieren, das sind ______ %. Von der Sorte B hat er 380 kg Birnen gelagert, hier sortiert er 14 kg verdorbene Birnen aus (______ %).
Welche Birnensorte eignet sich besser für die Lagerung? ______

12 Ordne den Kreisdiagrammen die Prozentsätze zu und berechne die Winkel der gefärbten Kreissektoren.

95 % | 25 % | 38 % | 75 % | 12 % | 85 %

a)

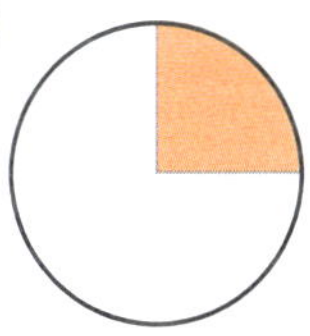

25 %
90 °

b)

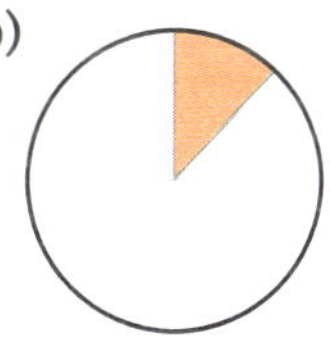

______ %
______ °

c)

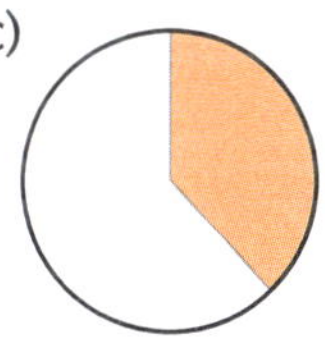

______ %
______ °

d)

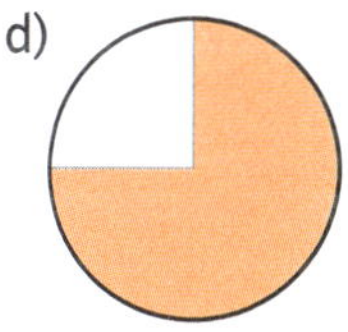

______ %
______ °

13 a) Trage in der Planfigur zuerst die gegebenen Angaben farbig ein und beschrifte sie. Konstruiere anschließend das Viereck. Gegeben:
b = 4 cm; c = 5 cm; d = 2 cm; γ = 100°; δ = 55°

Planfigur:

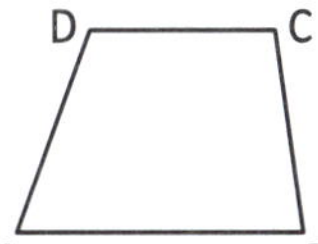

Konstruktionszeichnung:

14 Konstruiere den Umkreis des Dreiecks und miss seinen Radius r ≈ ______ cm.

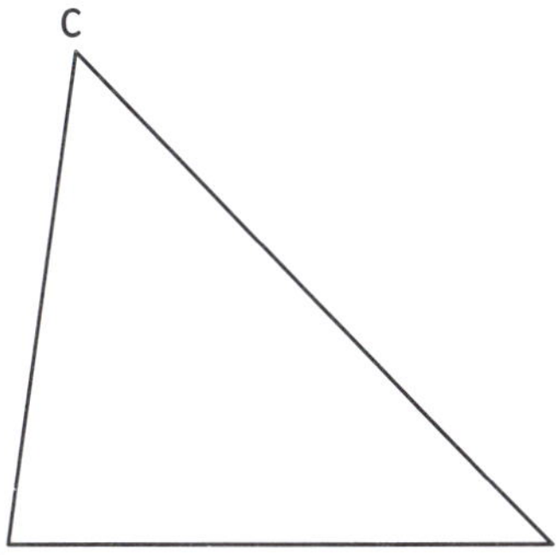

15 Konstruiere den Inkreis des Dreiecks und miss seinen Radius ρ ≈ ______ cm.

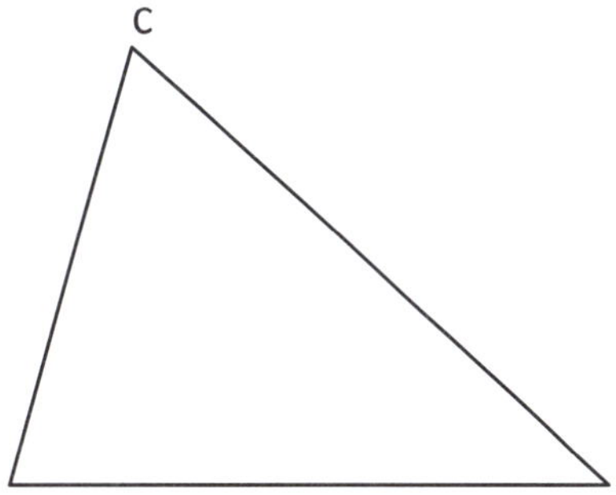

Register

Achsensymmetrie 9, 14
Äquivalent 26, 32, 35,
–, Gleichungsumformungen 35, 36, 37, 39
–, Terme 26, 32
Assoziativgesetz 32
Ausklammern 29, 31, 32
Ausmultiplizieren 29, 32

Basiswissen 3, 4, 5, 6, 7, 8
Bruch 3

Daten 8, 42, 46, 47
–, analysieren 42, 46, 47
–, auswerten 8, 42, 46, 47
–, darstellen 47
Dezimalbruch 3, 4
Diagramm 8, 42, 46, 47
Distributivgesetz 29, 30, 32
Dreieck 18, 49, 50, 51, 53, 54, 55, 57
–, Bezeichnungen 18, 55
–, gleichschenklig 51, 55
–, Konstruktion 49, 50, 54
–, rechtwinklig 51, 53
–, spitzwinklig 18
–, stumpfwinklig 18
Dreieckskonstruktionen 54

Figuren 5, 21, 55
Flächen 5
Flächeneinheit 5, 34
Flächeninhalt
–, des Rechtecks 5

Gleichung 33, 34, 38, 39
–, Anwendungssituationen 38, 39
–, lineare 36, 37, 38, 39
–, systematisches Lösen 36, 37, 39
Gleichungsumformung 35, 39
Graph 24
Grundwert 7, 44, 45, 47

Höhe im Dreieck 58, 60

Inkreis 57, 60

Kehrsatz 52
Klammerregel 28, 32
Kommutativgesetz 32
kongruent 48, 55
Kongruenzsätze
–, für Dreiecke 49, 50, 55
–, SSS 49, 50, 55
–, SsW 49, 50, 55
–, SWS 49, 50, 55
–, WSW 49, 50, 55
Konstruieren
–, des Dreiecks 49, 50, 54
–, der Höhe 58, 60
–, des Inkreises 57, 60
–, der Mittelsenkrechten 56, 60
–, der Seitenhalbierende 58, 60
–, des Spiegelpunktes 10, 14
–, der Symmetrieachse 10, 14
–, des Umkreises 57, 60
–, des Vierecks 59, 60
–, der Winkelhalbierenden 56
Körper 6

Lösen
–, linear 36, 37, 38, 39
–, systematisches 36, 37
Lösung 33, 34
Lot 11

Mittelsenkrechte 11, 14, 56, 60
Mittelwert 43, 46, 47
multiplizieren
–, von Summen 31, 32

Nebenwinkel 15, 18
Netz 6

Prisma 6
Produkt
–, umformen 27
Prozentrechnung 7, 44, 45, 47
–, Grundgleichung der 44, 45, 47
Prozentsatz 7, 44, 45, 47
Prozentwert 7, 44, 45, 47
Punktsymmetrie 12, 14

Rationale Zahlen 3
Raum 6
rechnen 3, 4

Satz des Thales 53, 55
Satz und Kehrsatz 52
Scheitelwinkel 15, 18
Schrägbild 6
Seitenhalbierende 58, 60
spiegeln 9, 10, 12, 13, 14
Stufenwinkel 15, 18
Summe
–, umformen 28, 31
Symmetrie 5, 9, 10, 12, 13, 14, 55
symmetrische Vierecke 5, 13, 14

Term 19, 23, 24, 33, 34
–, äquivalente 26, 32
–, aufstellen 21, 22, 24
–, berechnen 20, 24
–, gleichartige 32
–, gleichwertige 26
–, interpretieren 21, 22
–, mit Variablen 19, 24
–, vereinfachen 26, 27, 29
–, Zuordnung 23, 24
Termumformungen 32
Termwert 20, 24
Training 25, 40, 41, 61, 62, 63

Überschlag 4
Umfang
–, des Rechtecks 5
–, von Figuren 21
Umformung
–, in Produkten 27, 32
–, in Summen 28, 32
Umkreis 57, 60

Variable 19, 20, 22, 23, 24, 38
Vieleck 17, 18
Viereck 5, 13, 59, 60
Volumen 6
Volumeneinheit 6

Wechselwinkel 15, 18
Wertetabelle 24
Winkel
–, an Geradenkreuzungen 15, 16
–, -betrachtungen 18
Winkelhalbierende 11, 14, 56, 60
Winkelsumme
–, im Dreieck 16, 18
–, im Vieleck 17, 18
–, im Viereck 17, 18

Zuordnung
–, Variablenwert - Termwert 23, 24

Die Seitenangaben in Schwarz verweisen auf die Lerneinheit, die in Orange auf den Merkzettel.